rororo

ro
ro
ro
ro

Dieses Buch wartet mit jeder Menge witziger Textaufgaben auf und bietet kluge Unterhaltung und Spaß für Fußball- wie Mathefreunde: Ein Panini-Bild von Fußballer Ali Daei erklärt uns die Prozentrechnung. Die Befindlichkeiten der FC-Bayern-Spieler auf der Weihnachtsfeier bringen uns die Wahrscheinlichkeitsrechnung näher. Fußball erklärt uns die Mathematik und die Mathematik uns den Fußball!

Stephan Reich, 1984 geboren, lebt in Berlin und arbeitet als Redakteur bei *11 FREUNDE*. Seine Texte werden in Zeitschriften und Anthologien veröffentlicht, und er war mehrmals Finalist beim Open Mike. Im Frühjahr 2014 erschien das Lyrik-Debüt *Everest*, 2016 sein erster Roman *Wenn's brennt*.

Maximilian Graf, 1996 geboren, studiert Mathematik an der Humboldt-Universität zu Berlin.

Stephan Reich
mit Maximilian Graf

Die Berechnung der Blutgrätsche

Mathe zwischen Dreisatz und Viererkette

Mit Illustrationen von Katharina Noemi Metschl

Rowohlt Taschenbuch Verlag

Originalausgabe Veröffentlicht im Rowohlt Taschenbuch Verlag, Reinbek bei Hamburg, Juni 2018 Copyright © 2018 by Rowohlt Verlag GmbH, Reinbek bei Hamburg Redaktion Bernd Schuh Umschlaggestaltung ZERO Media GmbH, München Umschlagillustration Katharina Noemi Metschl Innengestaltung Daniel Sauthoff Satz Thesis Sans + Serif PostScript (InDesign) Gesamtherstellung CPI books GmbH, Leck, Germany ISBN 978 3 499 63363 8

Inhalt

Vorwort

«Fußball ist keine Mathematik», grantelte Bayern-Boss Kalle Rummenigge via Presse, als anno 2007 mal wieder die Ergebnisse nicht stimmten. Kurz bevor der Club dann den Trainer und ausgebildeten Mathematiklehrer Ottmar Hitzfeld schasste. Und was soll man sagen: Rummenigge lag damit, wie so oft, ordentlich daneben. Mit dem Rauswurf des verdienten Hitzfeld sowieso, vor allem aber auch mit seiner kühnen Behauptung bezüglich der Mathematik. Allein mit den Begrifflichkeiten des modernen Fußballs – falsche Neun, abkippende Sechs – ließe sich ein eigener mathematischer Fachbereich füllen. An der schon 1966 vom einstigen Bundesliga-Trainer Fritz Langner gestellten Aufgabe «Ihr fünf spielt jetzt vier gegen drei» verzweifeln noch immer ganze Mathe-Fachschaften. Und wenn die Jogi Löws dieser Welt ständig fordern, Dreiecke zu bilden und vertikal in die Tiefe zu spielen, wäre es da als Spieler nicht hilfreich zu wissen, ob man gerade Teil eines gleichschenkligen oder gleichseitigen Dreiecks ist? Und wäre nicht die Gewissheit tröstlich, dass sich der viel zu steile Vertikalpass und der Mitspieler, der ihn vergebens zu erreichen versucht, in der Unendlichkeit dann doch noch treffen würden, wenn sie einfach nur für immer parallel zueinander weiterliefen?

Wahrscheinlich nicht. Dennoch steckt die Mathematik im Fußball, wie sie ja ohnehin jedem Lebensbereich zugrunde liegt. Und das nicht nur als feurige Abrechnung eines radebrechenden Giovanni Trapattoni oder als frustrierendes Rechenspiel in der Tabelle, wenn die Bayern ihren Konkurrenten schon wieder um 27 Punkte enteilt sind, obwohl erst November ist. Nein, die Mathematik ist überall. In Cristiano Ronaldos gockeliger, immerhin aber perfekt geometrischer Jubelpose. In Stefan Effenbergs Mittelfinger, der eine erstaunliche Entsprechung im Bereich der Kurvendiskussion findet. In Aíltons Urlaubs-Übergewicht, dessen genaue Anzahl an Kilos sich höchstens mit Hilfe der Wahrscheinlichkeitsrechnung beziffern lässt. Und sogar in Kalle Rummenigges öffentlicher Demontage von Ottmar Hitzfeld, deren Anlass ein biederes 2:2 der Bayern im UEFA-Cup gegen die Bolton Wanderers war. Denn klingt diese Paarung, Bayern gegen Bolton im UEFA-Cup, nicht an sich schon wie ein Paradoxon? Oder zumindest eine unlösbare Gleichung? Für Hitzfeld kam damals übrigens Jürgen Klinsmann. Die folgenden Aufgaben decken viele Bereiche der Mathematik (und des Fußballs) ab, aber was sich die Bayern-Bosse von diesem Trainerwechsel ausrechneten, kann dieses Buch leider auch nicht klären.

Dennis Rechner

Leif
Zahl

Theohplus Arkoh

Minusu
Buba

Lubomir Faktor

Markus Ableitinger

Thorsten
Bruch

Luis Gleich

Marco Menge

Matthias
Radius

Ivan Gil Badillo Gerade

1. Kreisliga

Sechs Haken, Dreisatz

Jay-Jay Okocha machte gegen Oli Kahn und die Abwehr des Karlsruher SC anno 1993 sechs Haken in elf Sekunden. Bei 100 Haken wäre den ersten Spielern und Zuschauern schwindlig und übel geworden. Wie lange hätte Okocha weiter tänzeln müssen?

LÖSUNG SEITE 107

Hamburger Prozente

Nach einer erneuten Blamage kauft kaum noch jemand HSV-Merchandising. Die Trikots kosteten ursprünglich 89,95 Euro. Nun gibt es sie mit einem Preisnachlass von 65 Prozent. Wie viel kosten die Trikots, die niemand will?

LÖSUNG SEITE 107

Der Dreisatz der Schmerzen

Vier Bonuccis würden gemeinsam 38 Minuten benötigen, um Cristiano Ronaldo vom Platz zu treten. Wie viele Bonuccis würden benötigt, wenn der Trainer Ronaldo bereits nach 10 Minuten vom Platz getreten haben wollte? Gehe davon aus, dass eine antiproportionale Zuordnung vorliegt.

Das Lahm'sche Problem

Philipp Lahm ist 170 Zentimeter groß. Der WM-Pokal ist 36,8 Zentimeter groß. Wie viel Prozent seiner Körpergröße hielt Lahm am Abend des 13. Juli 2014 in den Nachthimmel von Rio?

LÖSUNG SEITE 107

Wolfsburger Wasserknappheit

Nach einem schlechten Spiel ist der Kader des VfL Wolfsburg beim Auslaufen. Der Kader besteht aus zehn Stammspielern und 30 Reservisten. Trainer Felix Magath ist so wütend, dass er die Wasserflaschen, die alle Spieler jeweils mit einem Liter befüllt hatten, ganz oder teilweise leert. Den Stammspielern schüttet er das ganze Wasser weg, den Reservisten lässt er $1/3$ Liter Wasser übrig. Die Reservisten haben Mitleid und wollen das Wasser unter den Mitspielern fair aufteilen. Wie viel Wasser darf jeder Spieler trinken, wenn alle Spieler vom verbliebenen Wasser gleich viel bekommen sollen?

LÖSUNG SEITE 108

Das brasilianische Packungsphänomen

Beim legendären 7:1 der Deutschen gegen Brasilien traf die Nationalmannschaft zwischen der 23. und der 29. Minute viermal. Wie hoch wäre das Ergebnis ausgefallen, wenn die Mannschaft während der gesamten Spielzeit in dieser Taktung (alle sieben Minuten vier Tore) getroffen hätte?

LÖSUNG SEITE 108

Hopp → Tisch

Dietmar Hopp bastelt sich eine Schallkanone. Sie kommt auf 183 Dezibel. Der DFB erlaubt eigentlich keine Schallkanonen, weil man sich aber so gut versteht, drückt der Verband ein Auge zu. Die Bedingung: 117 Dezibel dürfen nicht überschritten werden. Um wie viel Prozent muss Hopp seine Schallkanone runterpegeln?

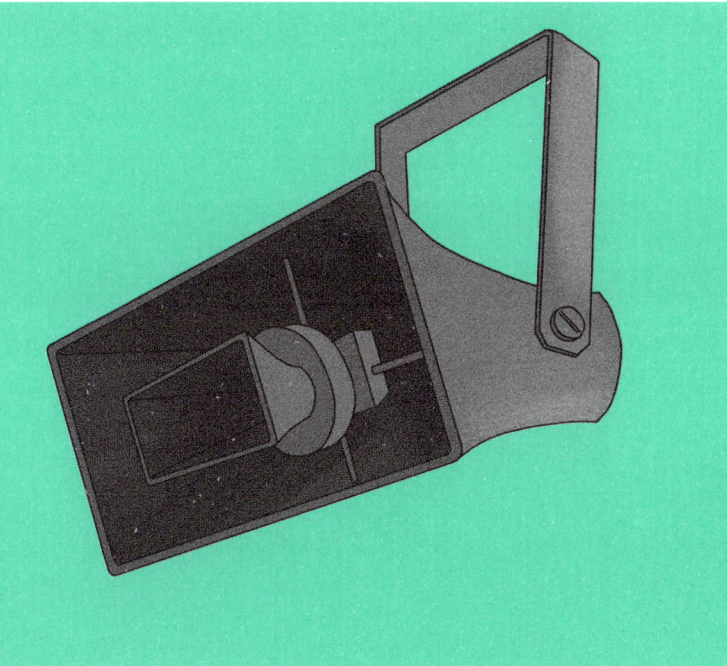

Was weiz ich denn?

Rudi Völler warf Waldemar Hartmann einst vor, die Spiele bei drei Weizenbier zu verfolgen. Hartmann begleitete im Laufe seiner Karriere 293 Live-Spiele. Ein Weizen hat 19,8 Gramm Alkohol. Wie viel Alkohol nahm Hartmann während seiner gesamten Laufbahn laut Völler zu sich?

LÖSUNG SEITE 108

Das Beckenbauer'sche Blindheits-Lemma

Katar beschäftigt auf einer Landesfläche von 11 571 Quadratkilometern 1,6 Millionen Gastarbeiter. Unter sklavenartigen Bedingungen starben beim Bau der WM-Stadien etwa 7000. Auf seinen Reisen als Botschafter besuchte Franz Beckenbauer etwa 2,7 Prozent des Landes, allerdings zeigen die Kataris Beckenbauer einen repräsentativen Teil des Landes, das heißt, die relative Häufigkeit im besichtigten Teil des Landes stimmt mit dem Anteil an Gastarbeitern zur gesamten Landesfläche überein. Wie viele Gastarbeiter hat Franz Beckenbauer gesehen?

ZUSATZ: Laut eigenen Angaben hat Franz Beckenbauer bei seinem Besuch in Katar keinen einzigen Sklaven gesehen. Welches Wort muss in der Aufgabe geändert werden, damit seine Aussage nicht widersprüchlich ist?

LÖSUNG SEITE 108

Neymar ist seliger denn Geben

Neymar wechselt zu Paris Saint-Germain. Transfersumme: 222,3 Millionen Euro. Sein windiger Berater verlangt sein übliches Honorar von 39 Prozent. Wie viel Geld bekommt der windige Berater?

LÖSUNG SEITE 109

Krees Klebe

Das Ordnungsamt prüft Martin Krees Klebe auf Gefährdung der Allgemeinheit. Von 79 Schüssen an der Radarfalle jagt Kree 23 mit überhöhter Geschwindigkeit über die Linie. In wie viel Prozent der Fälle ist Kree gemeingefährlich?

LÖSUNG SEITE 109

Das CR7-Eck

Cristiano Ronaldos Jubelsprung ist zwar dämlich, seine Beine bilden bei der Landung allerdings ein gleichschenkliges rechtwinkliges Dreieck. Wie groß sind die Außenwinkel an den Füßen?

Das Möller'sche Prinzip

Andreas Möller wiegt 75 Kilogramm. Welche Gewichtskraft wirkt auf ihn, wenn er im Dortmunder Strafraum zu Boden geht, wobei die Schwerebeschleunigung im Westfalenstadion mit $g = 9,8\frac{m}{s^2}$ angenommen wird?

Das Wiese-Steak-Problem

Tim Wieses Magen fasst vier Kilogramm Steak. Pro Stunde Pumpen wandelt Wiese 729 Gramm Steak in Muskelmasse um. Wie lange muss Wiese am Tag pumpen, um nicht wertvolle potenzielle Muskelmasse zu verschwenden?

LÖSUNG SEITE 110

Sepp, Sepp, Hurra

Sepp Blatter hat eine WM verkauft. Der Preis lag bei 8 491 133 Schweizer Franken. Blatters Kontostand liegt nun bei 4 912 829 Schweizer Franken. Wie hoch war der Kontostand vor der verschobenen WM?

LÖSUNG SEITE 110

Privatgi
Datum E
Kontost
15.07 2
S

Hex
Jo
FI
80

Ke

Der kleinste gemeinsame Renner

Aílton kommt mal wieder übergewichtig aus dem Urlaub. Im ersten Testspiel wird er nach 51 Minuten eingewechselt und soll durchspielen, ist aber nach $3/5$ seiner geplanten Einsatzzeit schon wieder platt und muss ausgewechselt werden. In welcher Minute?

Schland unter

Fälschlicherweise stellen die Sportfreunde Stiller die Gleichung 54 + 74 + 90 = 2006 auf. Wie lautet das korrekte Ergebnis?

LÖSUNG SEITE 110

Der Szymaniak-Bruch

In Gehaltsverhandlungen sagte Horst Szymaniak einst: «Von wegen ein Drittel! Mit mir nicht! Ein Viertel mehr mindestens muss es schon sein, sonst mach ich die Biege.» Wenn bei einem Gehalt von 1992 Mark monatlich der Manager Szymaniaks Wunsch erfüllt hätte, wie viel Minus hätte Szymaniak im Monat gemacht?

LÖSUNG SEITE 111

Die Portokassenprozente

VW hat in zehn Jahren 469 Millionen Euro in den VfL Wolfsburg gepumpt. Im gleichen Zeitraum hat VW allerdings auch 92 Milliarden Euro Gewinn gemacht. Welchen Anteil am Gewinn steckt VW in sein Spielzeug?

LÖSUNG SEITE 111

Das Logopäden-Dilemma

Für seine Expertentätigkeit muss Lothar Matthäus zum Logopäden, um endlich den Buchstaben «T» zu lernen. Pro Woche geht Matthäus dreimal zur Therapie, es dauert insgesamt 294 Therapiesitzungen. Wenn er ein Spiel pro Woche kommentiert: In der wievielten Partie sagt er zum ersten Mal «Trainer» statt «Dräner»?

Das Großkreutz'sche Döner-Dilemma

Nach einer gelungenen Abi-Party freut sich Kevin Großkreutz auf einen Gute-Nacht-Döner. Ein Döner kostet üblicherweise drei Euro, aber weil er so ein guter Kunde ist, bekommt Großkreutz den Döner für die Hälfte. Verlegen kramt er im Portemonnaie. Wie viel muss Großkreutz zahlen?

LÖSUNG SEITE 111

Splitterbruchrechnung

Paolo Guerrero hat ordentlich zugelangt. Nach seiner Grätsche sind in den Kniegelenken von Sven Ulreich noch 5 von 8 Knorpelstücken übrig. In dessen Sprunggelenken sind noch 2 von 4 Knorpelstücken übrig, in den Hüftgelenken noch 1 Stück von 8. Wie viele Knorpelstücke sind in diesen drei Gelenken insgesamt übriggeblieben?

LÖSUNG SEITE 111

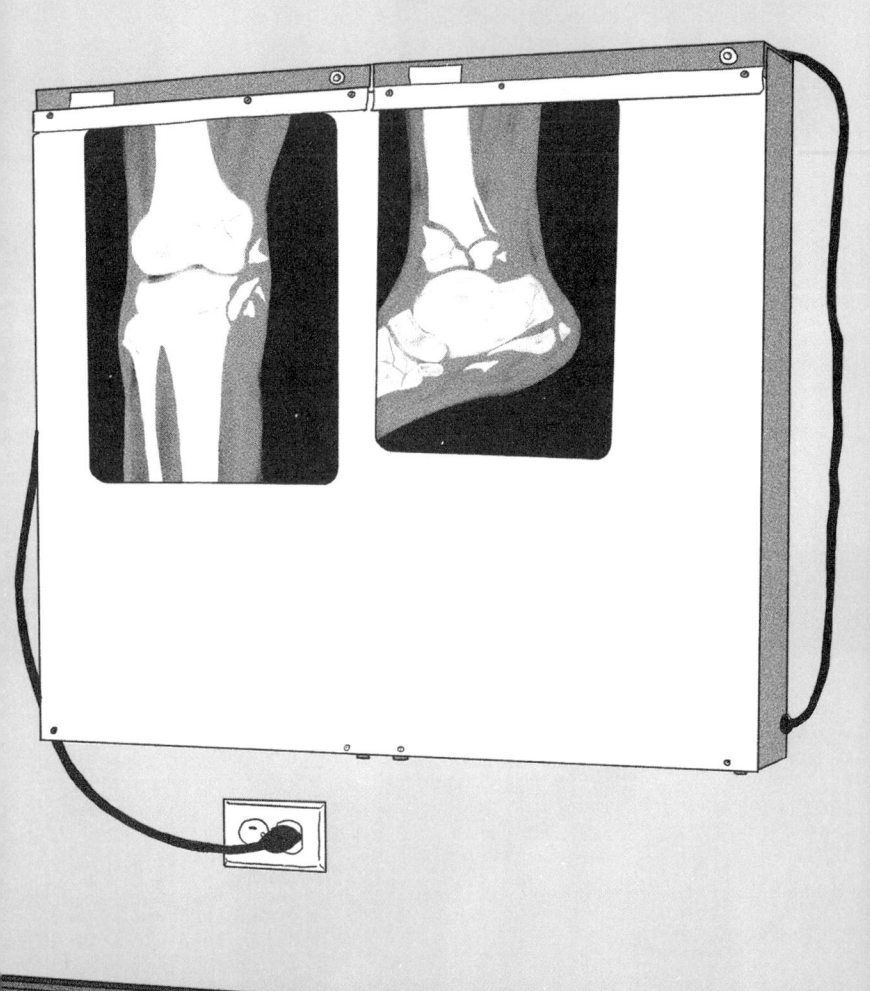

Trophäenschrank-Theorem

Der Trophäenschrank der Bayern ist voll. Die findigen Münchner entschließen sich, das Silber einzuschmelzen und zu verkaufen. Ein Gramm liegt bei 0,46 Euro, die Münchner kommen auf 93 Kilogramm reinsten Silbers. Auf wie viel Geld können sie sich freuen, wenn sie alles verkaufen?

LÖSUNG SEITE 112

Yes, we kahn

Kurioserweise ergibt es sich, dass sowohl Andi Herzog als auch Thomas Brdarić zeitgleich in Oli Kahns Reichweite auftauchen. Herzog wiegt 85,23 Kilogramm, Brdarić 78,29 Kilogramm. Wie viel Masse muss Kahn insgesamt durchschütteln?

LÖSUNG SEITE 112

Das (generelle) WM-Song-Problem

Die deutsche Nationalmannschaft entzückte ihre Fans 1994 mit dem Lied «Far Away in America». Von den 1824 Tönen, die sie in dem Lied «singen», treffen sie allerdings nur $3/4$. Wie viele sind es?

LÖSUNG SEITE 112

Palermos Paradoxon

Die Chance, einen Elfmeter zu verwandeln, liegt bei 75 Prozent. Im Spiel gegen Kolumbien bekommt der Argentinier Martin Palermo gleich drei Elfmeter zugesprochen. Wie hoch ist die Wahrscheinlichkeit, dass er alle drei verschießt?

LÖSUNG SEITE 112

Kahn-Bananen-Zahlenspiel

231 köstliche, reife Bananen und neun unreife segeln beim Spiel der Bayern in Dortmund in Oli Kahns Strafraum. Er isst genau eine davon. Wie hoch ist die Chance, dass er eine unreife isst?

LÖSUNG SEITE 112

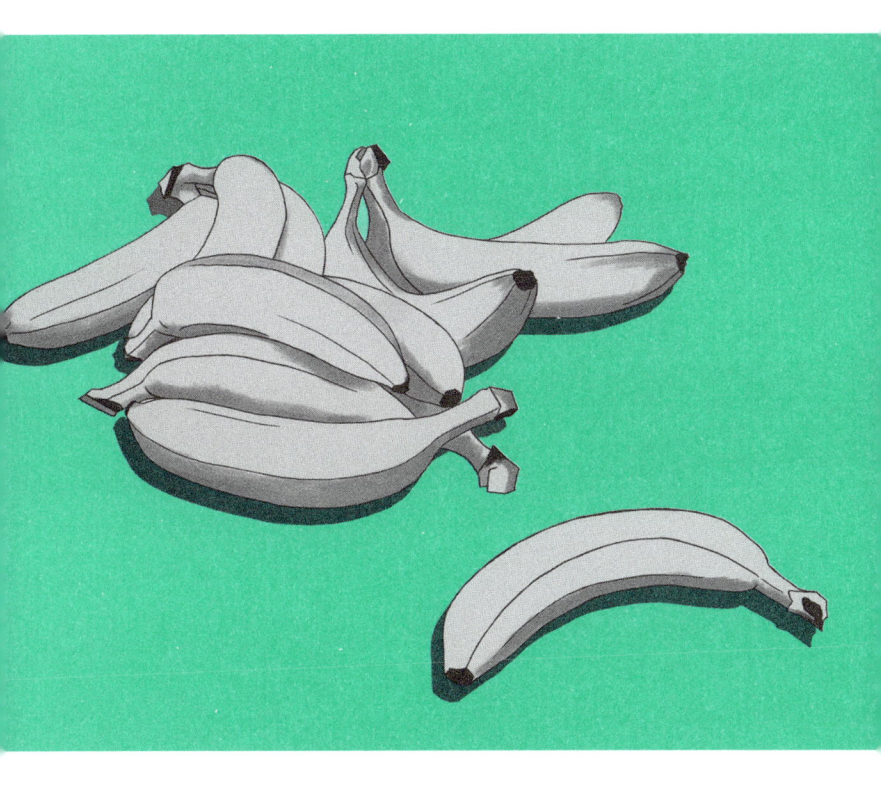

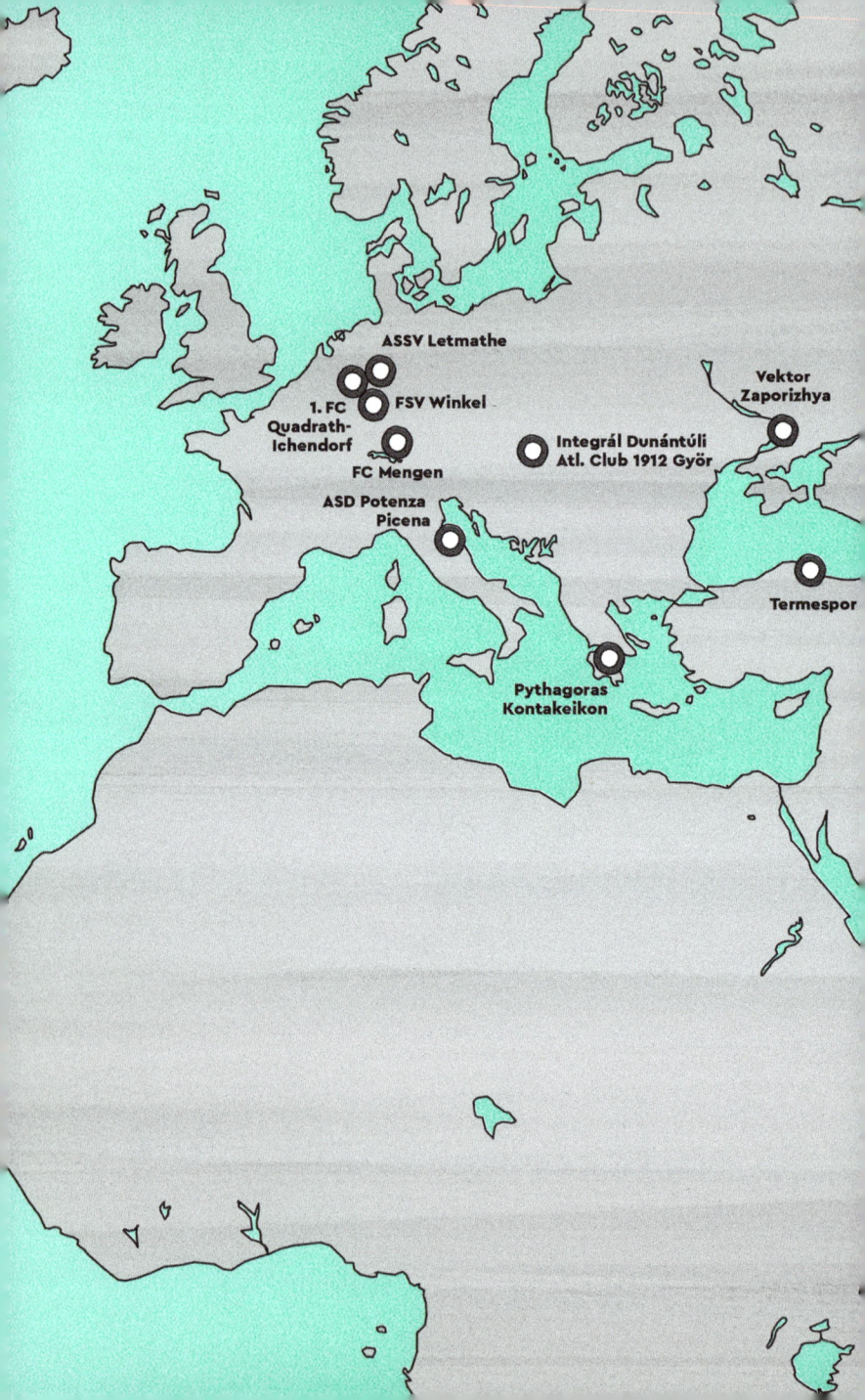

New Radiant
Sports Club

2. Landesliga

Das Daei'sche Schnäuzer-Paradoxon

Wir blicken auf ein Panini-Bild von Ali Daei. Das Bild ist insgesamt 5 × 3 cm groß, der Schnäuzer nimmt dabei eine Fläche von 2 × 5 mm ein. Wie viel Prozent des Bildes nimmt der Schnäuzer ein?

Rijkaard'sche Rotz-Potenzen

Frank Rijkaard wog 1990 84 Kilogramm, 70 Prozent seiner Masse besteht aus Wasser.

a) Wie oft muss der Niederländer Rudi Völler anspucken (einmal spucken verbraucht 4 Milligramm Wasser), bis nur noch 60 Prozent seiner Masse Wasser ist?

b) Rijkaard verliert durchs Schwitzen jede Minute 1 Prozent Wasser, fliegt jedoch in der 23. Minute vom Platz, nachdem er Völler dort zweimal angespuckt hatte. Wie viel wiegt Rijkaard im Moment seines Platzverweises?

LÖSUNG SEITE 113

Der H W 4-Winkel der Angst

Panisch jagt Heiko Westermann im eigenen Strafraum den Ball geradlinig in Richtung des waagerechten Tribünendachs. Der Ball prallt vom Dach so ab, dass die Flugkurve am Dach einen Winkel von 62 Grad beschreibt. Mit welchem Winkel zum Spielfeld muss Westermann den Ball geschossen haben?

LÖSUNG SEITE 114

Van Bommel'sche Gewaltarithmetik

Mark van Bommel zettelt in jedem vierten Spiel eine Rudel-
bildung an, in jedem fünften sieht er wegen Foulspiels Gelb, in
jedem sechsten meckert er den Schiri an. Wenn zwei der drei
Vergehen zusammenkommen, fliegt er vom Platz.

a) Wie viele Spiele kann er sein System durchziehen, bis er das
erste Mal vom Platz fliegt?

b) Kann er sein System so anpassen, dass er an 34 Spieltagen
nie vom Platz fliegt? Mark van Bommel liebt jedoch Regel-
mäßigkeiten, das heißt, wenn er am n-ten Spieltag mit einer
Aktion beginnt, so bringt er diese auch alle n Spieltage. Und er
würde sich freuen, wenn er jede Unsportlichkeit sogar schon
jeweils in mindestens einem von acht Spielen durchführen
kann.

Herr der Ringe

Die drei Außenringe der Meisterschale bieten noch 103, 97 und 90 Zentimeter Platz. Die Gravur *FC Bayern München* ist mit Jahreszahl (2018 FC BAYERN MÜNCHEN) 7,3 Zentimeter lang, zwischen zwei Gravuren wird 2 Zentimeter Platz gelassen. Wenn ab sofort immer nur noch die Bayern Meister werden – und machen wir uns nichts vor, das werden sie –, in welchem Jahr muss die Schale spätestens um einen neuen Ring erweitert werden? Dabei darf für eine Meisterschaft nur ein Ring zur Gravur genutzt werden.

LÖSUNG SEITE 115

Kleinster gemeinsamer Bremer

Ein Marko Marin ist $7/13$ eines Mesut Özil. Ein Eljero Elia ist $4/9$ eines Marko Marin. Wie viel Mesut Özil ist Eljero Elia?

LÖSUNG SEITE 115

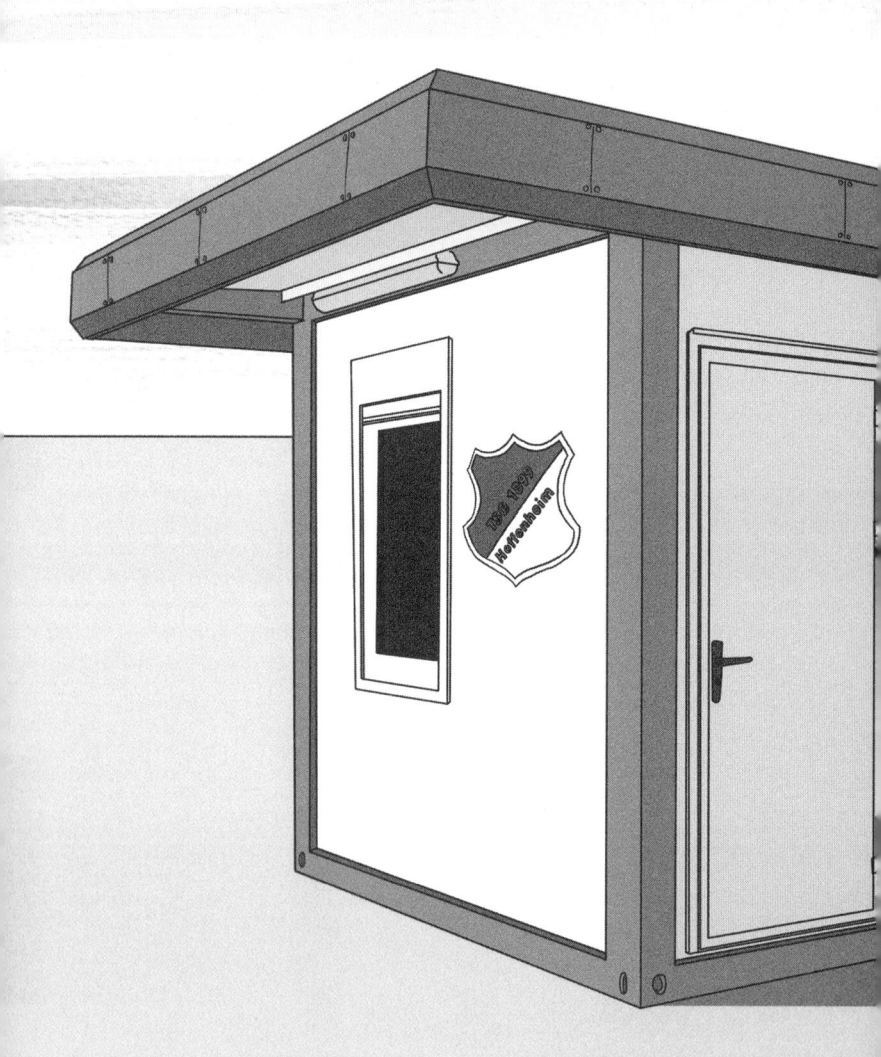

Gähnende Lehre

Hoffenheim kriegt mal wieder das Stadion nicht voll. Der Club macht folgendes Angebot: Jedes Ticket kostet zehn Euro. Beim Kauf von 5 Tickets oder mehr wird $1/5$ des Preises erlassen.

a) Lege eine Zuordnungstabelle an für «Anzahl der Tickets → Gesamtpreis» (1, 2, ..., 8 Tickets).

b) Liegt eine proportionale Zuordnung vor? Begründe deine Antwort.

LÖSUNG SEITE 115

Das War-ja-klar-Problem

Der Schiedsrichter hat pünktlich angepfiffen, nun guckt er auf die Uhr. Es beginnt die 88. Minute, plus drei Minuten Nachspielzeit: Zeit für den Bayerndusel. Mit Beginn der Dusel-Zeit erzielen die Bayern den Ausgleich. Genau nach drei Minuten Nachspielzeit erzielen die Bayern natürlich doch noch das entscheidende Tor zum Sieg, das Spiel wird abgepfiffen. Um welchen Winkel ist der Minutenzeiger auf der Uhr des Schiedsrichters zwischen den beiden Toren gewandert?

Das Rost'sche Zähler-Nenner-Paradoxon

Frank Rost ist ein Erbsenzähler, Frank Rost ist aber auch ein Dinge-beim-Namen-Nenner. Der Summenwert von Zähler und Nenner ist 120, der Nenner ist fünfmal so groß wie der Zähler. Gib Zähler und Nenner und den dazugehörigen Bruch in vollständig gekürzter Form an.

LÖSUNG SEITE 116

Lauterer Minusrechnung

Der 1.FC Kaiserslautern ist Deutscher Meister. Von nun an werden die Roten Teufel jedes Jahr um durchschnittlich 3,21 Plätze schlechter abschneiden als im Vorjahr. In wie vielen Jahren sind sie in der Regionalliga angekommen, wenn wir davon ausgehen, dass die 3.Liga schon eingeführt wurde?

Das darf doch nicht VAR sein

Der Videoschiedsrichter muss eine schnelle Entscheidung fällen. Er wirft seine beiden Entscheidungswürfel, sie zeigen die Augen 3 und 5. Damit ist der Videoschiedsrichter nicht zufrieden, er würfelt noch einmal. Wie hoch ist die Chance, dass die Würfel dasselbe Ergebnis noch einmal zeigen?

Massephase

Unter der Dichte ρ eines Stoffes versteht man den Quotienten aus der Masse m und dem Volumen V: $\rho = \frac{m}{V}$. Tim Wieses Bizeps hat die Dichte $\rho = 19,3\frac{g}{cm^3}$. Welches Volumen hätten 2,5 Kilogramm Wiese-Bizeps? Löse zuerst die Formel auf.

LÖSUNG SEITE 117

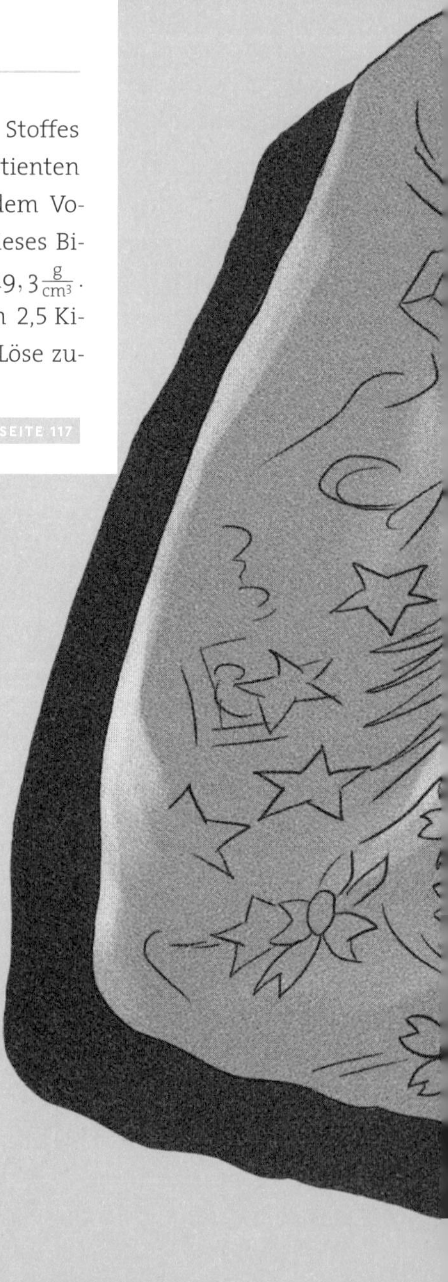

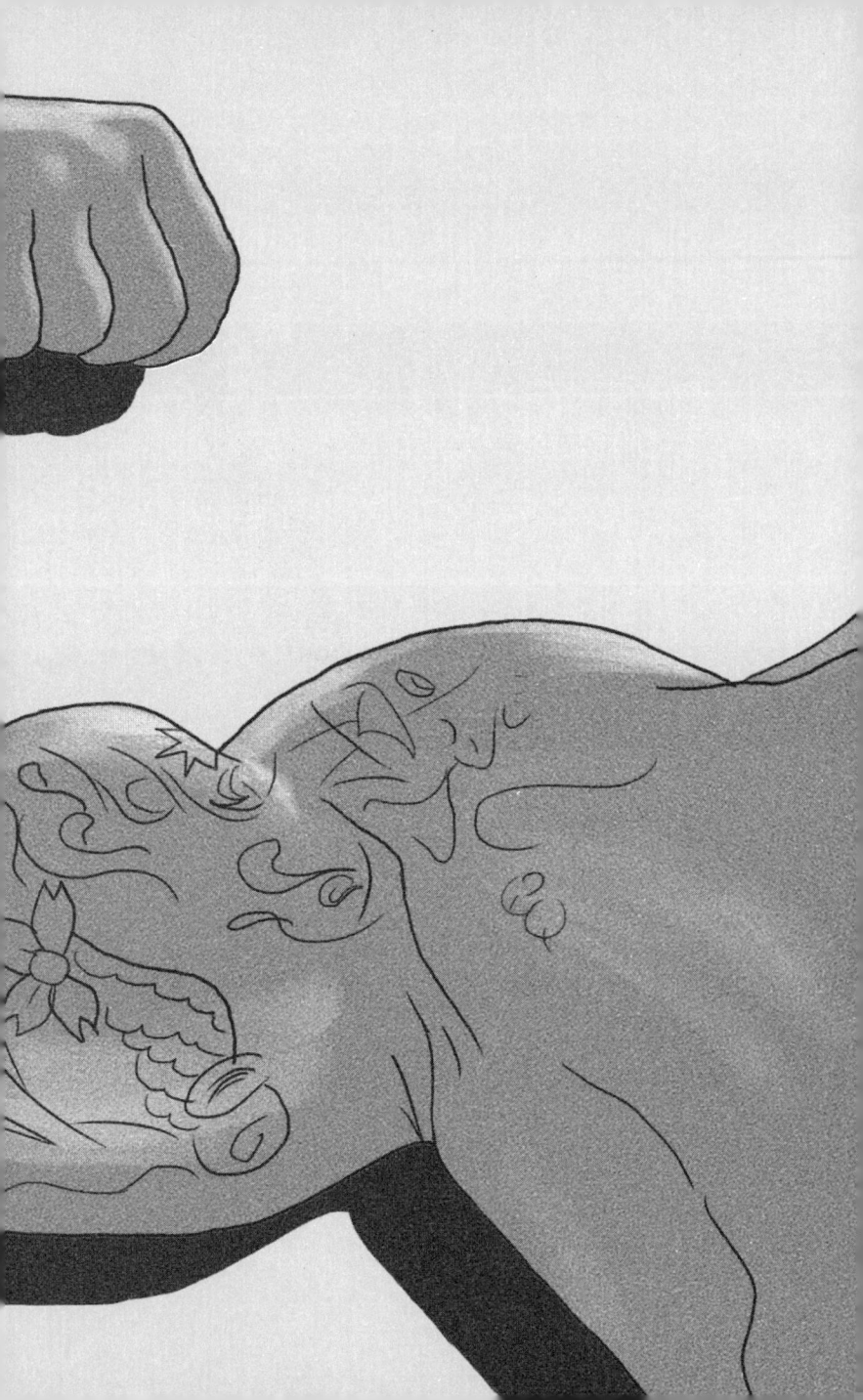

1. Colin Heins
2. Felix Zwayer
3. Andrei Voronin
4. Angelo Vier
5. Konrad Fünfstück
6. Didier Six
7. Jörg Siebenhandl
8. Eddy Achterberg
9. Jörg Neun
10. Henrik ten Cate
π Jerry Pi

3. Bundesliga

Derby-Dilemma

Revierderby, Schalke gegen Dortmund. Da der Videoschiri im Urlaub ist, ist der Schiedsrichter auf sich allein gestellt. Ihm wird vorab gesagt, dass bei einer der Mannschaften die Spieler nur lügen, während bei der anderen Mannschaft alle Spieler die Wahrheit sagen. Als nun ein Tor für Schalke fällt, ist sich der Schiedsrichter nicht sicher, ob das Tor mit der Hand erzielt wurde. Mit welcher Ja-nein-Frage kann der Schiedsrichter herausfinden, ob das Tor regulär war?

LÖSUNG SEITE 118

Bazi-Prozente

In seiner gesamten Zeit in der Bundesliga hat der FC Bayern München etwa p = 59 Prozent seiner Spiele gewonnen. Wenn wir davon ausgehen, dass dies der Wahrscheinlichkeit eines Sieges der Bayern entspricht: Bei mindestens wie vielen anstehenden Partien liegt die Wahrscheinlichkeit, dass ein Spiel nicht gewonnen wird, bei über 95 Prozent?

LÖSUNG SEITE 118

Sweet little Leipzsch

Der Kader von Red Bull Salzburg umfasst 23 Spieler. 11 davon werden nach der Saison, natürlich trotz zahlreicher anderer, viel lukrativerer Angebote und überhaupt erst nach äußerst zähen Verhandlungen, zu RB Leipzig transferiert. In wie vielen verschiedenen Konstellationen kann der Leipziger Kader zur neuen Saison bereichert werden?

LÖSUNG SEITE 118

Kauf mich!

Der FC Bayern hat Borussia Dortmund die besten fünf Abwehrspieler weggekauft. Aus wie vielen möglichen Kombinationen könnte eine Ex-BVB-Viererabwehrkette der Münchner bestehen?

ZUSATZ: Beachte dabei auch die Reihenfolge der Spieler in der Viererkette.

Sapina ante portas

Ante Sapina hat dummerweise vergessen, Spiele zu verschieben, und muss an einem ganz normalen Bundesligaspieltag mit der Neuner-Wette alle neun Spiele auf gut Glück tippen. Für jede Spielpaarung gibt es drei Möglichkeiten: 1 für Heimsieg, 0 für Remis, 2 für Auswärtssieg.

a) Wie viele Möglichkeiten gibt es, einen solchen Tippschein auszufüllen?

b) Eine Neuner-Wette kostet Sapina 1 Euro. Weil er aber vom verschobenen DFB-Pokalspiel unter der Woche noch ein bisschen Kohle übrig hat, will er mehr setzen. Wie viel kosten 10 Prozent aller möglichen Neuner-Wetten?

LÖSUNG SEITE 119

Das Fuschl'sche Nullsummenspiel

Um den deutschen Fußball zu einer Werbeveranstaltung zu erniedrigen, benötigt Red Bull lediglich neun Jahre und Ausgaben von knapp 720 Millionen Euro. Jährlich wird derselbe Betrag gezahlt, damit die Integrität um einen Prozentsatz x abnimmt, sodass sie nach neun Jahren um 83 Prozent abgenommen hat. Wie viel Geld zahlt der Konzern jährlich? Um welchen Prozentsatz nimmt die Integrität jährlich ab?

LÖSUNG SEITE 119

Die Belgrade

Bei der Europameisterschaft 1976 jagt Uli Hoeneß den Ball aus elf Metern Entfernung zum gegnerischen Tor in den Belgrader Nachthimmel. Der Ball hebt gradlinig mit einem Winkel von 30 Grad zum Boden ab und fliegt mittig über den Kasten. Wie viele Meter geht der Ball über die 2,44 Meter hohe Latte?

LÖSUNG SEITE 120

Schal' und Rauch

Die Meisterschalen der Ersten und der Zweiten Liga haben die Massen 11,2 Kilogramm und 8,5 Kilogramm. Das Volumen der ersten Schale beträgt 90 Prozent des Volumens der zweiten. Die beiden Dichten unterscheiden sich um $2,5\frac{g}{cm^3}$. Berechne das Volumen der Erstliga-Schale.

LÖSUNG SEITE 120

Schotten dicht

2012 konnte Celtic Glasgow überraschend das Champions-League-Gruppenspiel gegen den FC Barcelona gewinnen, obwohl die Katalanen 85 Prozent aller Torschüsse abgegeben hatten. Die Schotten profitierten insbesondere davon, dass nur einer der 17 Schüsse des FC Barcelona im Netz landete, während beide Mannschaften zusammen eine Trefferquote (Tore pro Torschuss) von 15 Prozent hatten. Stelle anhand einer Vier-Felder-Tafel die Torschüsse der beiden Mannschaften dar. Unterscheide hierbei zwischen Toren und nicht verwandelten Torschüssen.

LÖSUNG SEITE 121

Aíltons Hochprozentrechnung

Auf Werders Meisterfeier hat Aílton ein Glas Champagner in der einen und ein Glas brasilianisches Bier in der anderen Hand. Mischt er 200 Milliliter des Champagners mit 50 Milliliter des Biers, erhält er einen 11,1-prozentigen Drink, mischt er dagegen 100 Milliliter Champagner mit 400 Milliliter Bier, erhält er einen 6,9-prozentigen Drink. Welchen Alkoholgehalt haben beide Getränke?

Später am Abend hat Aílton einen grünen Becher voll 5-prozentigem Bier und einen weißen Becher voll 15-prozentigem Sekt in den Händen. Mischt er die Becher, erhält er eine 11-prozentige Plörre. Fügt er dieser Plörre 40 Milliliter Wasser hinzu, sinkt der Alkoholgehalt auf 10 Prozent. Welche Menge war im grünen und welche im weißen Becher?

LÖSUNG SEITE 121

Klumpfuß-Geometrie

Dieses Prisma ist eine originalgetreue Abbildung von Jan Kollers rechtem Fuß. Berechne das Volumen.

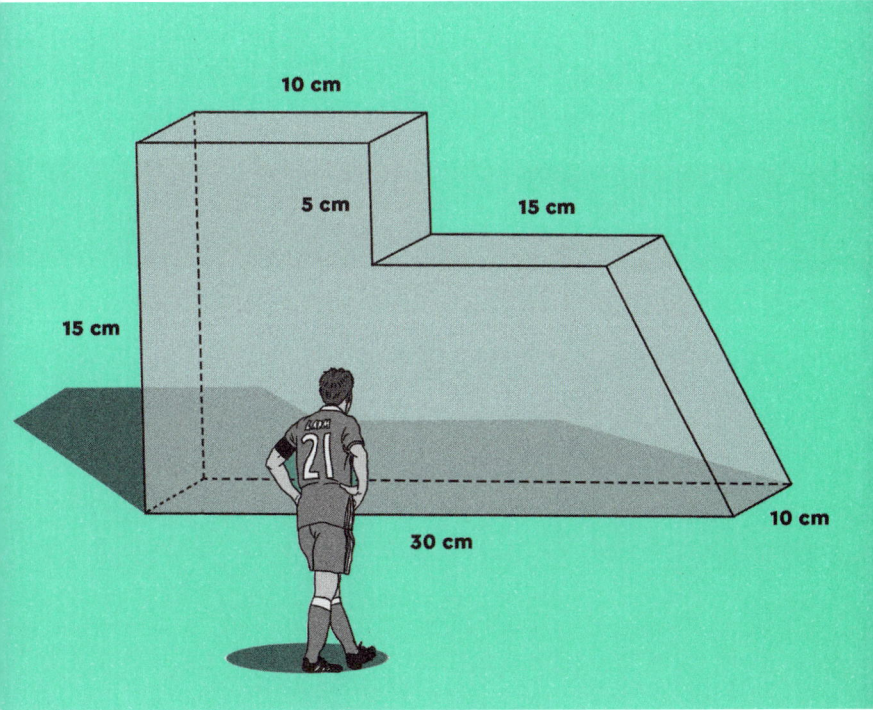

Die Calhanoglu-Kurve

Die Zeichnung zeigt die Flugkurve des Hakan-Calhanoglu-Frei-stoßes gegen Dortmund. Direkt an der Flugkurve stehen die BVB-Verteidiger Manuel Friedrich (F) und Marcel Schmelzer (S). Calhanoglus Kollege Pierre-Michel Lasogga (L) ist genauso weit vom Tor T entfernt wie Calhanoglus Kollege Marcell Jan-sen. Außerdem ist er von den beiden BVB-Verteidigern gleich weit entfernt. Bestimme mit einer Konstruktion die möglichen Aufenthaltsorte von Jansen und kennzeichne diese.

Das kleine Ausbeutungseinmaleins

Ein Sportartikelhersteller präsentiert seinen neuen, in einer üblen Dritte-Welt-Textilwerkstatt gefertigten Fußball. Er hat einen Umfang von 69,11 Zentimetern.

Die äußerste Schicht des Balles besteht aus Kunststoff und ist 2 Millimeter dick. Darunter befindet sich eine Latex-Blase mit einer Stärke von 0,5 Zentimetern.

a) Berechne den Radius des Balles.

b) Wie viel Kunststoff wurde für den Ball verwendet? Wie viel Latex?

c) Sowohl für den verwendeten Kunststoff als auch für das Latex betragen die Materialkosten 0,96 Cent pro cm^3. Berechne die Materialkosten des Balles. Welchen Anteil haben diese Kosten am Verkaufspreis von 120 Euro?

LÖSUNG SEITE 124

Das El-Ba-Bo-Phänomen

Begründe die Richtigkeit folgender Aussage: In einem gleichseitigen magischen Dreieck hat der Schnittpunkt der drei Mittelsenkrechten von der Bobic-, der Elber- und der Balakov-Seite den gleichen Abstand. Dabei ist die Bobic-Seite die Seite ihm gegenüberliegend und die beiden anderen Seiten entsprechend.

Peps Tiki-Taka-Theorem

Hastig hat Pep Guardiola seinen Spielern eine neue Pass-Sta-
fette auf die Taktiktafel gekritzelt, leider konnten die Winkel
beim Zeichnen nicht erhalten werden, weshalb die Spieler nun
selber rechnen müssen.

a) Berechne δ und ε.

b) Wie ist der Betrag vom Winkel φ, wenn $\overline{AB}\|\overline{DF}$?

Das Nürnberger Halbe-halbe-Problem

2007 gewinnt der 1. FC Nürnberg den DFB-Pokal. Marek Mintál und Andi Wolf haben das acht Liter fassende Gefäß komplett mit Weißbier gefüllt, die beiden Spieler haben ein fünf Liter und ein drei Liter fassendes Weizenglas in der Hand. Wie können die zwei ihr Bier so umfüllen, dass beide genau vier Liter Bier bekommen?

LÖSUNG SEITE 126

Die Ahlenfelder-Gleichungen

Nachdem Wolf-Dieter Ahlenfelder mit seinem verfrühten Halbzeitpfiff (nach 32 Minuten!) für Aufsehen sorgte, machte die Presse die Bedienung ausfindig, bei welcher der Schiedsrichter vor dem Spiel noch Getränke bestellt hatte. Auf die Frage, wie viel Ahlenfelder denn nun getrunken habe, antwortete die Bedienung: «Die genaue Zahl weiß ich nicht mehr, auf jeden Fall hat er 9 Mark für Getränke gezahlt, wobei ein Bier 2 Mark und ein Malteser 1,50 Mark kosten. Der Gast danach hatte auf jeden Fall halb so viele Malteser, dafür aber doppelt so viel Biere wie er. Den musste ich nach sieben Getränken heimschicken.» Wie viel hatte Ahlenfelder denn nun getrunken?

LÖSUNG SEITE 126

Das Nicht-schon-wieder-Finaldilemma

In der ersten Runde des DFB-Pokals nehmen 64 Mannschaften teil, jedoch können Bayern München und Borussia Dortmund dort noch nicht aufeinandertreffen. Dies ist erst ab der zweiten Runde möglich. Gehen wir davon aus, dass beide Mannschaften, solange sie nicht gegeneinander spielen, automatisch weiterkommen. Mit welcher Wahrscheinlichkeit treffen dann der BVB und Bayern erst im Finale aufeinander?

LÖSUNG SEITE 127

It's a Trap

Im Jahr 1998 platzt Giovanni Trapattoni bei einer Pressekonferenz derart die Hutschnur, dass bei der Explosion 150 mg des radioaktiven Isotops Cäsium-137 freigesetzt werden. Dieses soll sich nun bei der Endlagerung zersetzen. Folgende Tabelle gibt an, wie viel Masse Cäsium zu welchem Zeitpunkt noch vorhanden ist.

Jahr	1998	2003	2008	2013
Masse an Cäsium (in mg)	150,00	116,07	89,81	69,49

Gehen wir davon aus, dass wir die Masse an Cäsium als Funktion $m(t) = a \cdot b^t$ in Abhängigkeit der seit 1998 vergangenen Jahre t darstellen können.

a) Bestimme a und b. Runde auf zwei Nachkommastellen.
b) Wie viel Cäsium ist 2018 noch vorhanden?
c) Wie lange dauert es, bis die Hälfte des Cäsiums zerfallen ist?

Tommy Oar – 11 x 11, die 11 war vergeben.

Ivan Zamorano – die 9 war vergeben.

Maik Franz – die 6 war vergeben.

Hicham Zerouali trug den Spitznamen «Zero».

4. Champions League

Das Weihnachtsfeier-Dilemma

Auf der Weihnachtsfeier des FC Bayern 1998 sind 24 Spieler anwesend, welche auf vier Sechsertische aufgeteilt werden. Die Sitzordnung wird ausgelost, doch es soll vorher bestimmt werden, wie hoch die Chancen sind, dass es keine großen Streitereien bei der Weihnachtsfeier gibt. Wie hoch ist also die Wahrscheinlichkeit, dass Lothar Matthäus, Stefan Effenberg und Oliver Kahn an drei verschiedenen Tischen sitzen?

Kurvendiskussion

Wir betrachten Roberto Carlos' legendären Freistoß aus dem Jahr 1997 von oben. Zeichnet man eine Strecke zwischen dem Punkt, von welchem der Freistoß ausgeführt wird, und dem Punkt, wo der Ball ins Tor geht, so ist diese 35 Meter lang. Fassen wir diese Strecke als Intervall auf der x-Achse auf, so können wir den senkrechten Abstand der Flugbahn zur Luftlinie durch die Funktion $f(x) = \frac{x^2}{70} - \frac{x}{2}$ ausdrücken.

a) Skizziere die Funktion.

b) Berechne den Flächeninhalt zwischen der Luftlinie und der Flugbahn.

35 m

Poldis Footballfields-Medaille

Bei der WM 2014 übertreibt es Joachim Löw mit seinen taktischen Sperenzchen. Er fordert von seinen Spielern: Bei Abstoß durch Manuel Neuer sollen alle Feldspieler in die gegnerische Hälfte aufrücken, wobei das gesamte Feld 70 Meter breit und 100 Meter lang ist. Der Bundestrainer fordert weiterhin, dass jeder Punkt in der gegnerischen Hälfte höchstens 10 Meter von einem deutschen Spieler entfernt ist. Lukas Podolski behauptet nun, sich so aufzustellen sei unmöglich. Beweise seine These.

LÖSUNG SEITE 129

Die Wagner-Folge

Nach seiner ersten Nominierung für die Nationalmannschaft schwillt Sandro Wagners Ego an. Die Folge

$$a_n = \frac{\sqrt{n}}{\ln(n)}$$

gibt Wagners Ego in Abhängigkeit von weiteren Nominierungen an. Zeige, dass Wagners Ego ins Unendliche geht, wenn die Anzahl von Nominierungen gegen unendlich geht (was sie natürlich tun wird).

LÖSUNG SEITE 130

Werder noch

Das Entmüdungsbecken des SV Werder Bremen 1993 kann durch die Zuflussleitung in 15 Stunden gefüllt werden. Ist das Becken voll, so dauert es 20 Stunden, um das Wasser wieder ablaufen zu lassen. Das Becken ist leer, Otto Rehhagel will es zum anstehenden Meisterschaftsendspiel füllen, vergisst jedoch, den Ablauf zu schließen.

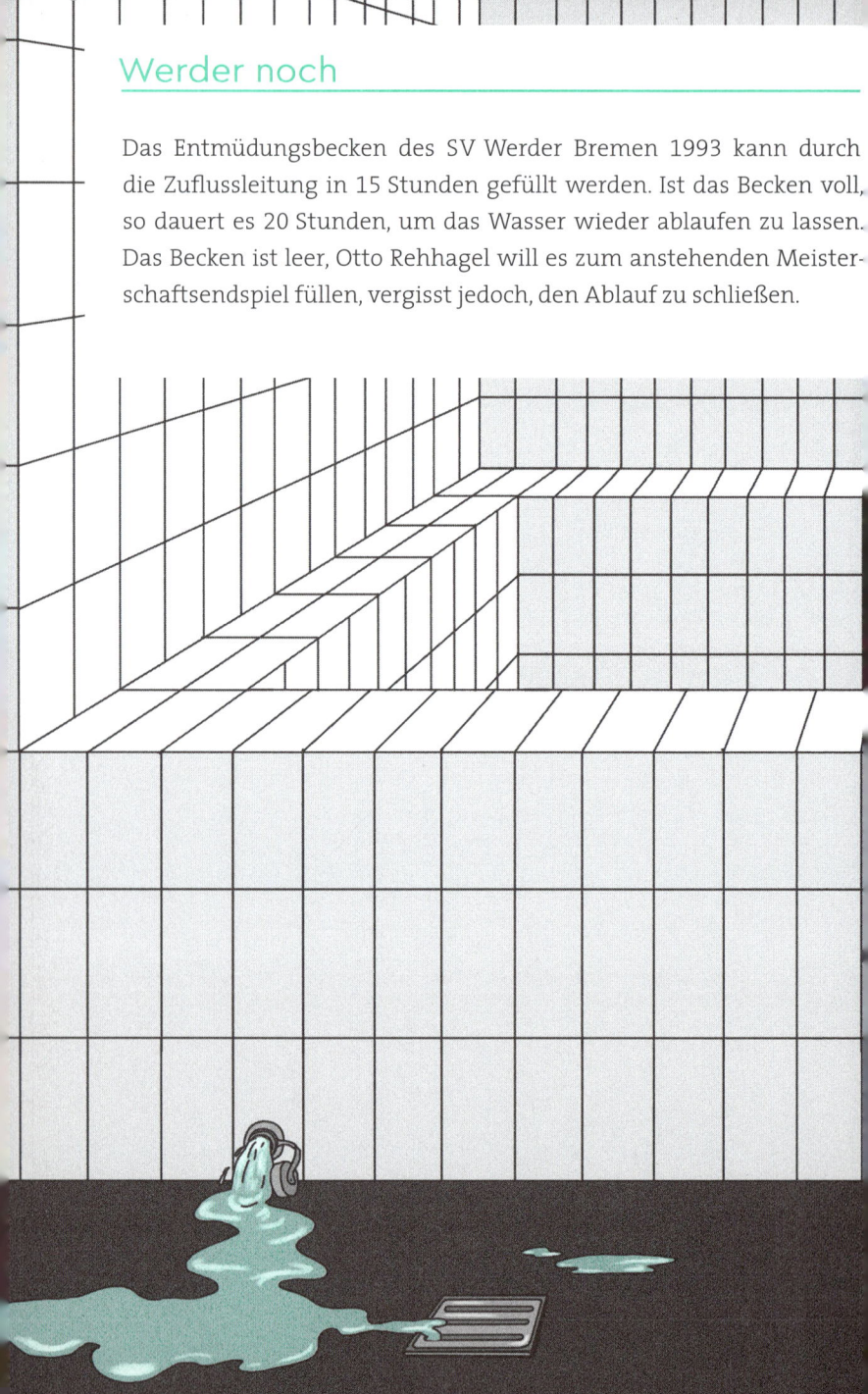

a) Wie lange dauert es, bis das Schwimmbecken trotzdem voll ist?

b) Wie lange dauert es, bis das Schwimmbecken voll ist, wenn ab Beginn von Stunde 11 Thorsten Legat, Klaus Allofs, Wynton Rufer und Bernd Hobsch im Becken feiern, es um 10 Prozent des Volumens verkleinern und den Ablauf schließen?

LÖSUNG SEITE 130

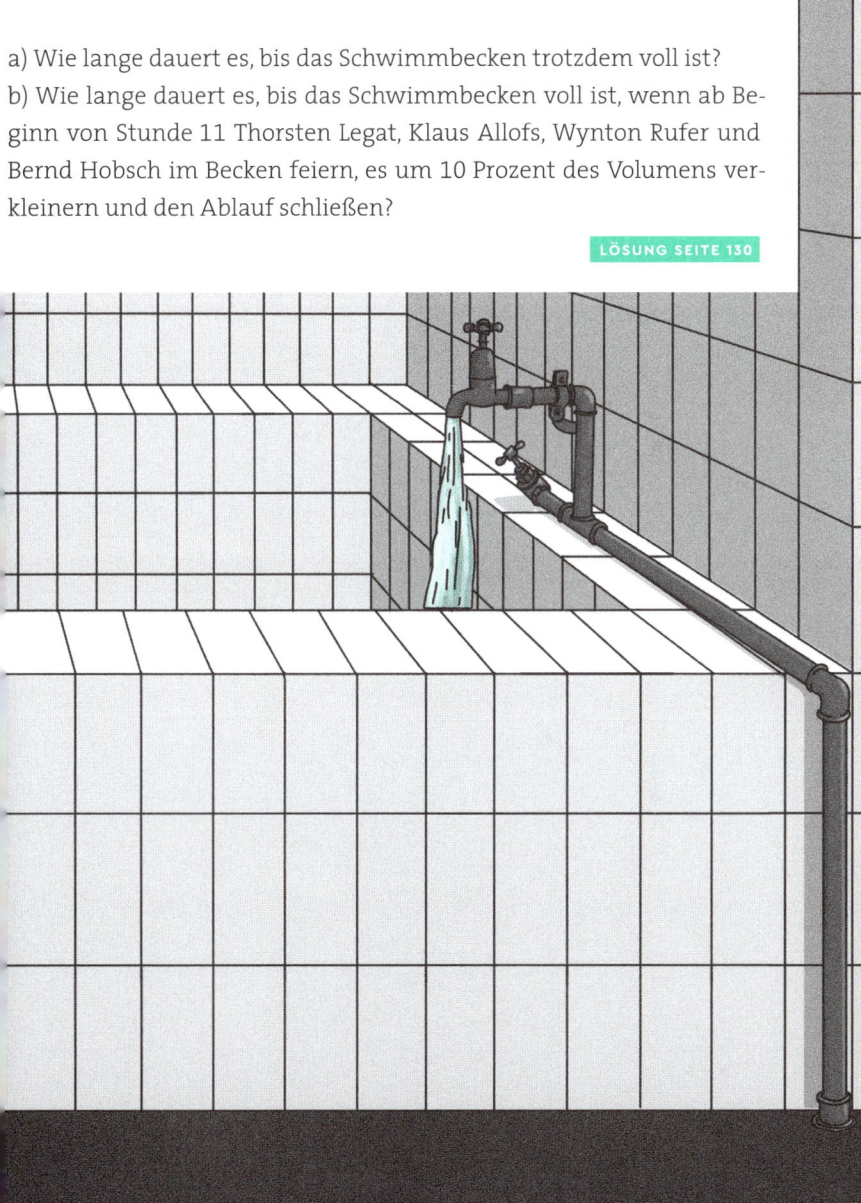

Stigs Rotationskörperverletzung

Berechne das Volumen von Stig Töftings Oberschenkel. Die abgebildete Funktion $f(x) = -\frac{1}{40}x^2 + x + \frac{48}{5} = -\frac{(x+8)(x-48)}{40}$ beschreibt auf dem Intervall [0,40] eine maßstabsgetreue Abbildung vom Querschnitt des halben Oberschenkels, d.h., das Volumen lässt sich als das Volumen des entsprechenden Rotationskörpers um die x-Achse berechnen.

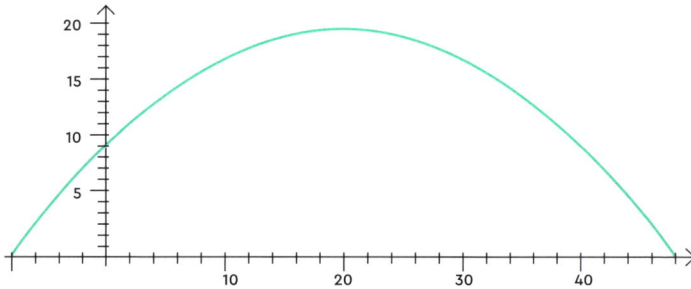

Tabellen-Theoreme

Zu sehen ist die Abschlusstabelle der Gruppe A der WM 2002.
Schließe auf die sechs Spielergebnisse.

	Torverhältnis	Punkte
1. Dänemark	5:2	7
2. Senegal	5:4	5
3. Uruguay	4:5	2
4. Frankreich	0:3	1

Zu sehen ist die Abschlusstabelle der Gruppe F der WM 2010.
Schließe auf die sechs Spielergebnisse.

	Torverhältnis	Punkte
1. Paraguay	3:1	5
2. Slowakei	4:5	4
3. Neuseeland	2:2	3
4. Italien	4:5	2

Zu sehen ist die Abschlusstabelle der Gruppe C der EM 2016.
Schließe auf die sechs Spielergebnisse.

	Torverhältnis	Punkte
1. Deutschland	3:0	7
2. Polen	2:0	7
3. Nordirland	2:2	3
4. Ukraine	0:5	0

Schweinis Formkurvendiskussion

Bastian Schweinsteigers Formkurve wird beschrieben durch $f(x) = 15x^4 - x^5$, wobei $x = 0$ den Beginn seiner Profikarriere markiert und $f(x)$ die Form nach x Jahren angibt.

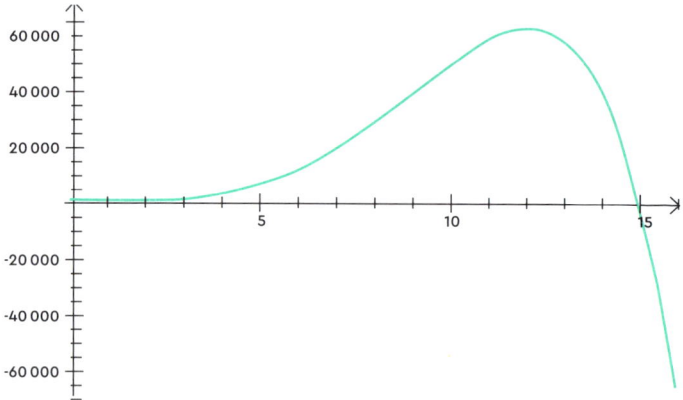

a) Zu welchem Zeitpunkt nach Karrierebeginn ist Schweinsteigers Form wieder bei null? Zu diesem Zeitpunkt will der Spieler seine Karriere beenden.

b) Wann ist Schweinsteigers Form auf dem Höhepunkt?

c) Zeige, dass die Form des Spielers zwischen Karrierebeginn und Karriereende durchweg positiv ist.

LÖSUNG SEITE 133

Das Keine-Kohle-nach-der-Karriere-Dilemma

Beim Best-of-Dschungelcamp treffen Aílton, Thorsten Legat und Ansgar Brinkmann aufeinander. Insgesamt müssen die ehemaligen Fußballer 54 Maden essen. Brinkmann muss dabei so viele Maden essen wie Legat und Aílton im Durchschnitt. Weiter gilt: Wenn Legat neun Maden mehr isst, entspricht das dem Doppelten der Ration Brinkmanns. Wie viele Maden aßen die drei Teilnehmer jeweils?

LÖSUNG SEITE 134

Das Klopp'sche Haupthaar-Phänomen

Wir betrachten die Haardichte von Jürgen Klopp während seiner Trainerlaufbahn. Diese ist durch die Funktion

$$f(x) = 1 - \frac{1}{(x-7)^2+2}$$

gegeben.

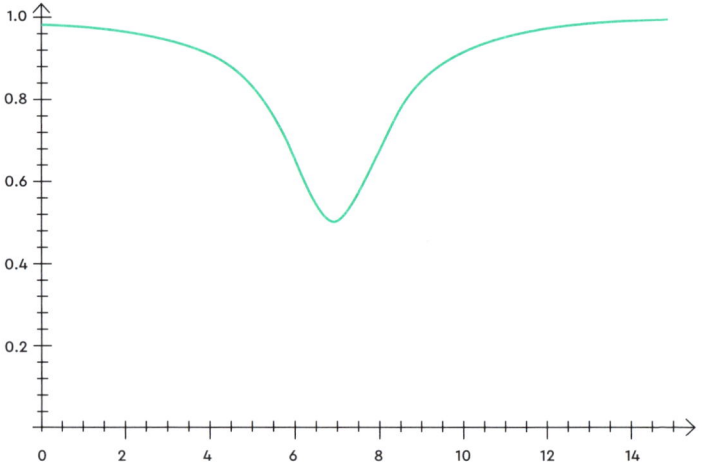

a) Zu welchem Zeitpunkt hat Klopp die wenigsten Haare auf dem Kopf?

b) Skizziere und berechne die Tangente *t(x)* durch den Punkt *(5,f(5))*. Zu welchem Zeitpunkt schneidet die Tangente die x-Achse?

LÖSUNG SEITE 134

Der Bessermessi

Auch in der Saison 2014/15 holt Lionel Messi mit dem FC Barcelona die Champions League. Zieht man von seinen im Wettbewerb erzielten Toren die Anzahl seiner Vorlagen ab, so erhält man ein Viertel seiner Scorerpunkte. Diese sind wiederum die Summe aus Toren und Vorlagen. Weiter haben wir 32 als Summe aus Toren, Vorlagen und Scorerpunkten. Wie oft hat Messi vorgelegt, und wie oft hat er getroffen?

Gomez, wie es wolle

Wir befinden uns am Anfang der Qualifikation für die WM 2010. Alle warten sehnsüchtig darauf, dass Mario Gomez wieder trifft. Für jedes Spiel beträgt die Wahrscheinlichkeit, dass er mindestens einmal trifft, $q = 1/2$.

a) Ermittle die Wahrscheinlichkeit p(k) für $k \in \mathbb{N}, k \geq 1$, welche angibt, wie wahrscheinlich es ist, dass Gomez genau k Spiele für seinen nächsten Treffer braucht.

b) Wie wahrscheinlich ist es, dass sein nächster Treffer in einem der ersten drei Spiele fällt?

c) Wir wollen die Anzahl der Spiele bis zu Gomez' nächstem Tor mit X bezeichnen. Dann ist die Wahrscheinlichkeit, dass er dafür genau k Spiele braucht, gleich $P(X = k) = p(k)$ für $k \in \mathbb{N}, k \geq 1$. Weiter können wir die bedingte Wahrscheinlichkeit $P(X = s + t \mid X > s)$ für $s, t \in \mathbb{N}, s \geq 1, t \geq 1$ betrachten. Was gibt diese Wahrscheinlichkeit an? Zeige

$$P(X = t) = P(X = s + t \mid X > s).$$

Interpretiere diese Gleichheit.

Hinweis: Man kann Folgendes zeigen:

$P(X > s) = \sum_{k=s+1}^{\infty} p(k) = \sum_{k=1}^{\infty} p(k + s)$.

LÖSUNG SEITE 136

Effes Finger-Funktion

Während der WM 1994 bespricht Stefan Effenberg mit seinen Team
kollegen die Feinheiten der Kurvendiskussion. Als er mit der Hand die
untenstehende Funktion skizziert, löst er eine Welle der Empörung aus:

$$f(x) = \frac{2}{\sqrt{\pi}} \cos^2(4x)e^{-x^2}$$

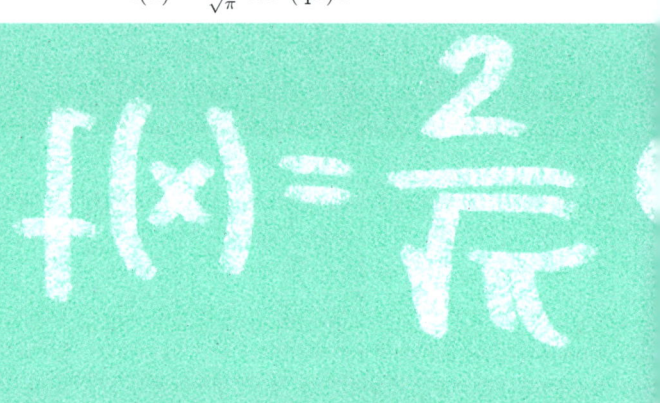

Hilf Berti Vogts, Effenbergs Funktion zu verstehen.

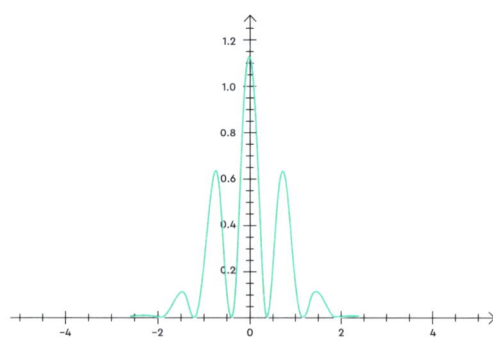

a) Bestimme die Menge aller Nullstellen von f.

b) Bestimme die ersten beiden Ableitungen von f.

c) Wir wenden uns dem Mittelfinger zu. Zeige mit Hilfe von b), dass x =
0 eine Maximalstelle ist. Argumentiere ohne b), dass x = 0 eine globale
Maximalstelle ist. *(Hinweis: Betrachte f als Produkt zweier Funktionen.)*

LÖSUNG SEITE 137

Lösungen

1. Kreisliga

Sechs Haken, Dreisatz

AUFGABE SEITE 11

Wir wenden den Dreisatz an: $100 \cdot \frac{11\,s}{6} \approx 183$ s. Er bräuchte also etwas mehr als drei Minuten.

Hamburger Prozente

AUFGABE SEITE 12

$89,95 - 89,95 \cdot 0,65 = 89,95 \cdot 0,35 \approx 31,48$
Die reduzierten Trikots sind jetzt also für 31,48 Euro zu haben.

Der Dreisatz der Schmerzen

AUFGABE SEITE 13

Was vier Bonuccis alleine in 38 Minuten schaffen, schafft einer alleine in $38 \cdot 4 = 152$ Minuten. Somit braucht es $152 : 10 = 15,2$ Bonuccis, damit Ronaldo nach zehn Minuten aus dem Spiel ausscheidet. Da man Bonuccis nicht in 0,2-Portionen bekommt, müsste der Trainer 16 Bonuccis einsetzen, um sicherzugehen.

Das Lahm'sche Problem

AUFGABE SEITE 14

$\frac{36,8\ cm}{170\ cm} \approx 0,216 = 21,6\%$

Wolfsburger Wasserknappheit

AUFGABE SEITE 15

Insgesamt bleiben nach Magaths Wutaktion 30 × ⅓ l Wasser, also insgesamt 10 l übrig. Teilt man diese auf alle Spieler fair auf, so erhält jeder Spieler $\frac{10\,l}{40} = \frac{1}{4}$ l Wasser.

Das brasilianische Packungsphänomen

AUFGABE SEITE 16

$\frac{90}{7} \cdot 4 \approx 51,43$

Das Spiel wäre also 51:0 ausgegangen, wobei nicht auszuschließen ist, dass Oscar noch einen Ehrentreffer erzielt hätte.

Hopp → Tisch

AUFGABE SEITE 17

Hopp muss die Lautstärke um 183 − 117 = 66 Dezibel senken. Das entspricht $\frac{66}{183} \approx 0,36 = 36\%$ der bisherigen Lautstärke.

Was weiz ich denn?

AUFGABE SEITE 18

293 · 3 · 19,8 g = 17405,2 g ≈ 17,4 kg

Das Beckenbauer'sche Blindheits-Lemma

AUFGABE SEITE 19

Auf der besichtigten Fläche hätte er 1 600 000 · 0,027 = 43 200 Gastarbeiter sehen müssen. Damit Beckenbauers Aussage nicht widersprüchlich ist, müsste das Wort «repräsentativ» in der Aufgabe gestrichen werden. Anscheinend haben ihm die Kataris nur die schönsten Ecken des Emirats gezeigt, sodass seine Rückschlüsse auf das gesamte Land nicht sinnvoll sind.

Neymar ist seliger denn Geben

AUFGABE SEITE 20

$222,3 \cdot 0,39 = 86,697$

Der Berater bekommt also fast 87 Millionen Euro.

Krees Klebe

AUFGABE SEITE 21

$\frac{23}{79} \approx 0,2911$

Also sind 29,11 % seiner Schüsse schneller, als die Polizei erlaubt.

Das C R 7-Eck

AUFGABE SEITE 22

Ein gleichschenkliges Dreieck hat zwei gleiche Innenwinkel. Da die Innenwinkelsumme 180° beträgt und ein Winkel mit 90° bereits gegeben ist, folgt, dass die Innenwinkel an den Füßen 45° betragen, die Außenwinkel also $180° - 45° = 135°$.

Das Möller'sche Prinzip

AUFGABE SEITE 24

Die Gewichtskraft ist das Produkt aus Masse mal Schwerebe-schleunigung, somit gilt $F = m \cdot g = 75\,kg \cdot 9{,}8\frac{m}{s^2} = 735\,N$.

Das Wiese-Steak-Problem

AUFGABE SEITE 25

Unter der Annahme, dass Tim Wieses Magen komplett mit Steak gefüllt ist, folgt, dass die $4\,kg$ nach $t = \frac{4000}{729} = 5\frac{355}{729}$ Stun-den vollständig umgewandelt sind. $\frac{355}{729} \cdot 60 \approx 29$, somit benö-tigt er 5 Stunden und 29 Minuten.

Sepp, Sepp, Hurra

AUFGABE SEITE 26/27

Die Differenz aus heutigem Kontostand und dem Preis der WM liegt bei $4\,912\,829 - 8\,491\,133 = -3\,578\,304$.

Der kleinste gemeinsame Renner

AUFGABE SEITE 28

Wird Aílton nach 51 Minuten eingewechselt, bleiben noch 90 − 51 = 39 Minuten vom Spiel. Es gilt: $\frac{3}{5} \cdot 39 = 23{,}4$, somit muss Aílton in der 76. Minute ausgewechselt werden.

Schland unter

AUFGABE SEITE 29

$54 + 74 + 90 = 218$

Der Szymaniak-Bruch

AUFGABE SEITE 30

Das Gehalt, welches Szymaniak entgangen wäre, hätte $\frac{1}{3} - \frac{1}{4} = \frac{4}{12} - \frac{3}{12} = \frac{1}{12}$ seines ursprünglichen Monatsgehalts betragen. Das wären 1992 : 12 = 166 Mark.

Die Portokassenprozente

AUFGABE SEITE 31

Der Anteil beträgt $\frac{469}{92\,000} \approx 0,51\%$.

Das Logopäden-Dilemma

AUFGABE SEITE 32

294 : 3 = 98, daher ist der «Dräner» nach der 98. Therapiewoche aus Matthäus' Vokabular gestrichen.

Das Großkreutz'sche Döner-Dilemma

AUFGABE SEITE 33

Er muss 1,50 Euro zahlen. Für 3 Euro könnte er jedoch zwei Döner kaufen, von welchen er einen an Passanten verschenkt, vielleicht per Wurf.

Splitterbruchrechnung

AUFGABE SEITE 34

Es sind 5 + 2 + 1 = 8 von insgesamt 8 + 4 + 8 = 20 Knorpelstücken übrig.

Trophäenschrank-Theorem

AUFGABE SEITE 36

93 Kilogramm entsprechen 93 000 Gramm Silber. Pro Gramm erhalten die Bayern 0,46 Euro. Wenn sie alles verkaufen, erhalten sie somit 93 000 · 0,46 = 42 780 Euro.

Yes, we kahn

AUFGABE SEITE 37

Herzog und Brdarić wiegen zusammen 85,23 kg + 78,29 kg = 163,52 kg.

Das (generelle) WM-Song-Problem

AUFGABE SEITE 38

$1824 \cdot \frac{3}{4} = 3 \cdot \frac{1824}{4} = 3 \cdot 456 = 1368$ Töne werden getroffen.

Palermos Paradoxon

AUFGABE SEITE 39

Wenn die Wahrscheinlichkeit für einen Fehlschuss bei jedem Versuch bei 25 Prozent liegt, erhalten wir als Wahrscheinlichkeit dafür, dass der Spieler dreimal verschießt, $p = \left(\frac{1}{4}\right)^3 = \frac{1}{64} \approx 1,56\%$.

Kahn-Bananen-Zahlenspiel

AUFGABE SEITE 40

Die Wahrscheinlichkeit beträgt
$p = \frac{9}{231+9} = \frac{9}{240} = \frac{3}{80} = 3,75\%$.

2. Landesliga

Das Daei'sche Schnäuzer-Paradoxon

AUFGABE SEITE 45

Der Flächeninhalt des Bildes beträgt 5 cm · 3 cm = 15 cm^2, der Flächeninhalt des Schnäuzers 0,2 cm · 0,5 cm = 0,1 cm^2. Dementsprechend hat der Schnäuzer einen Anteil an der Bildfläche von $\frac{0,1 \text{ cm}^2}{15 \text{ cm}^2} = \frac{1}{150} = 0,\bar{6} \approx 0,67\%$.

Rijkaard'sche Rotz-Potenzen

AUFGABE SEITE 46

Zunächst stellen wir fest, dass Rijkaard insgesamt aus 84 kg · 0,7 = 58,8 kg Wasser besteht.

a) Es folgt, dass 25,2 kg seiner Körpermasse kein Wasser ist. Wenn Rijkaard nun so viel Wasser verliert, dass nur noch 60 Prozent seiner Masse Wasser ist, so folgt:

«Neue Körpermasse» · 40 % = 25,2 kg,

also

«Neue Körpermasse» = 25,2 kg/0,4 = 63 kg.

Wir schließen, dass Rijkaard ganze 21 kg durch x-maliges Spucken verlieren müsste. Einmal spucken verbraucht 4 mg = $\frac{4}{1000000}$ k, es folgt

$x \cdot \frac{4}{1000000}$ kg = 21 kg,

somit müsste er

$x = 21 \cdot \frac{1000000}{4} = 5240000$-mal spucken.

b) Nach einer gespielten Minute besteht Rijkaard noch aus

0,99 · 58,8 kg Wasser, da er 1 % Wasser verliert. Von dieser Masse an Wasser verliert er in der zweiten Minute wieder 1 %, d. h. er besteht nach zwei Minuten aus 0,99 · (0,99 · 58,8 kg) = $0,99^2$ · 58,8 kg Wasser. Induktiv folgt, dass er zu Beginn der 24. Minute aus $0,99^{23}$ · 58,8 kg ≈ 46,7 kg Wasser besteht. Der Masseverlust durchs Spucken kann vernachlässigt werden, somit wiegt er noch etwa 25,2 + 46,7 = 71,9 kg.

Der H W 4-Winkel der Angst

AUFGABE SEITE 48

Wir betrachten den Zeitpunkt, an dem der Ball am Dach abprallt. Dann bilden der Punkt am Spielfeld genau unter dem Ball (A), Heiko Westermann (B) und der Ball selbst (C) ein rechtwinkliges Dreieck mit rechtem Winkel in A. Die Flugkurve beschreibt bei (C) einen Winkel von 62°, und das Dach ist waagrecht, also parallel zum Spielfeld, somit halbiert die Strecke $\overline{AC}$ diesen Winkel. Der Winkel an (C) ist also 31°, der gesuchte Winkel beträgt somit 180 – (31 + 90) = 59°.

Van Bommel'sche Gewaltarithmetik

AUFGABE SEITE 49

Für beide Aufgaben sei kgV(x,y) das kleinste gemeinsame Vielfache der Zahlen x und y:

a) Es gilt kgV(4,5) = 20, kgV(4,6) = 12 und kgV(5,6) = 30. Somit fliegt van Bommel am zwölften Spieltag.
b) Tatsächlich könnte er alle fünf Spiele Rudelbildungen anzetteln, alle sieben Spiele den Schiedsrichter anmeckern und alle

acht Spiele üble Fouls begehen und würde erst nach 35 Spielen Rot sehen, denn kgV(5,7) = 35, kgV(5,8) = 40 und kgV(7,8) = 56.

Herr der Ringe

AUFGABE SEITE 50

Für einen Kreis mit Umfang u sollen n Randteile der Länge 7,3 cm gewählt werden. Zwischen der ersten und der zweiten Gravur müssen 2 cm frei bleiben, führen wir das fort, so muss schließlich zwischen der n-ten und der ersten Gravur wieder ein Freiraum sein, der mindestens 2 cm groß ist, insgesamt soll also $n \cdot (7,3 \text{ cm} + 2 \text{ cm}) \leq u$ gelten, somit $n \leq \frac{u}{9,3 \text{ cm}}$. Auf den äußeren Ring passen somit höchstens elf Gravuren, auf den mittleren höchstens zehn, und innen finden nicht mehr als neun Gravuren Platz. Das heißt, nach dreißig Jahren, also 2048, wird ein neuer Ring fällig.

Kleinster gemeinsamer Bremer

AUFGABE SEITE 51

Wir bezeichnen die Leistung von Özil mit a, Marins Leistung mit b und Elias Leistung mit c. Nun gilt
$b = \frac{7}{13}a \Rightarrow c = \frac{4}{9}b = \frac{4}{9} \cdot \frac{7}{13}a = \frac{28}{117}a$.
Eljero Elia ist also $\frac{28}{117}$ Mesut Özil.

Gähnende Lehre

AUFGABE SEITE 52/53

Ticketanzahl	1	2	3	4	5	6	7	8
Preis in Euro	10	20	30	40	40	48	56	64

Die Zuordnung ist nicht proportional. Der Proportionalitäts-faktor müsste der zweiten Spalte der Tabelle nach 10 betragen, dann müssten fünf Tickets aber 50 Euro kosten, was nicht der Fall ist.

Das War-ja-klar-Problem

AUFGABE SEITE 54

Sechs Minuten haben die Bayern für ihre beiden Tore ge-braucht, das ist $1/10$ einer Stunde. Somit hat der Minutenzei-ger $1/10$ eines Kreises durchschritten, was einem Winkel von $\frac{1}{10} \cdot 360° = 36°$ entspricht.

Das Rost'sche Zähler-Nenner-Paradoxon

AUFGABE SEITE 55

Der Nenner ist das Fünffache des Zählers, der gekürzte Bruch ist also $\frac{1}{5}$. Da der Nenner N das Fünffache des Zählers Z ist und die Summe aus Zähler und Nenner 120 ist, gilt Z + 5Z = 120, also Z = 20 und N = 5Z = 100.

Lauterer Minusrechnung

AUFGABE SEITE 56

Bei der Rechnung gehen wir davon aus, dass die Platzierungen der ersten drei Ligen fortlaufend durchnummeriert sind, d.h., Platz 1 in der 2. Bundesliga entspricht Platz 19, Platz 1 in der 3. Liga Platz 37. Somit ist Platz 18 der 3. Liga, der den Abstieg in die Regionalliga bedeutet, in unserer Nummerierung Platz 54. Wir wollen also wissen, wie lange es dauert, bis Kaiserslautern über 53 Plätze abrutscht; d.h., wir suchen die kleinste natürliche Zahl s, für die gilt: $s \geq 53 : 3,21 \approx 16,5$.

Nach s = 17 Saisons müsste Kaiserslautern als letzter Platz der 3. Liga in die Regionalliga absteigen.

Das darf doch nicht VAR sein

AUFGABE SEITE 57

Die Wahrscheinlichkeit, dass der erste Würfel eine 3 und der zweite Würfel eine 5 zeigt, beträgt $\frac{1}{6} \cdot \frac{1}{6} = \frac{1}{36}$. Diese Wahrscheinlichkeit hat auch das Ereignis, dass der erste Würfel 5 und der zweite Würfel 3 zeigt. Somit haben wir als Wahrscheinlichkeit dafür, dass sich das Ergebnis des ersten Wurfes wiederholt, $\frac{2}{36} = \frac{1}{18} \approx 5,56\%$.

Massephase

AUFGABE SEITE 58/59

$\rho = m : V \Leftrightarrow \rho \cdot V = m \Leftrightarrow V = m : \rho = 2,5\,\text{kg} :$
$19,3\frac{g}{cm^3} = 2500\,\text{g} : 19,3\frac{g}{cm^3} \approx 130\,\text{cm}^3$.

3. Bundesliga

Derby-Dilemma

AUFGABE SEITE 63

Der Schiedsrichter kann zu einem der Mannschaftskapitäne gehen und fragen, ob ihm der andere Mannschaftskapitän sagen würde, dass das Tor mit der Hand erzielt wurde. Ist das der Fall, so wird der Befragte mit Nein antworten, war das Tor regulär, wird er bejahen. Dabei ist es egal, von welcher Mannschaft der Kapitän ist, den der Schiedsrichter fragt.

Bazi-Prozente

AUFGABE SEITE 64

Die Wahrscheinlichkeit, dass die nächsten n Ligaspiele gewonnen werden, liegt bei p^n. Die Wahrscheinlichkeit, dass eines der nächsten n Spiele nicht gewonnen wird, liegt somit bei $1 - p^n$. Es soll also $1 - p^n > 0{,}95$ gelten. Eine Rechnung ergibt $1 - p^n > 0{,}95 \Leftrightarrow 0{,}05 > p^n \Leftrightarrow n > \log_p 0{,}05 \approx 5{,}68$.

Somit liegt die Wahrscheinlichkeit, dass die Bayern eines der nächsten sechs Spiele nicht gewinnen, bei über 95 Prozent.

Sweet little Leipzsch

AUFGABE SEITE 65

Wir berechnen die Anzahl der Möglichkeiten, aus 23 Spielern 11 Neuzugänge für Leipzig zu wählen. Diese entspricht aber gerade dem Binomialkoeffizienten $\binom{23}{11} = \frac{23!}{11! \cdot (23-11)!} = 1352078$.

Kauf mich!

AUFGABE SEITE 66

Eine Viererkette besteht genau dann aus vier ehemaligen BVB-Spielern, wenn genau ein ehemaliger Dortmunder Verteidiger nicht spielt. Insbesondere kennen wir die Viererkette, wenn wir wissen, welcher ehemalige Dortmunder nicht spielen darf, dafür gibt es fünf Möglichkeiten. Nun gibt es 4! Möglichkeiten, vier Spieler in der Viererkette anzuordnen, sodass wir auf 5! = 120 mögliche Anordnungen kommen.

Sapina ante portas

AUFGABE SEITE 67

a) Für jedes Spiel gibt es drei Möglichkeiten zu tippen, bei neun Spielen kommt man also auf 3^9 = 19 683 Möglichkeiten, den Schein auszufüllen.

b) Es gilt: $0,1 \cdot 19\,683 = 1968,3$. Runden wir ab, so müsste er 1968 verschiedene Wettscheine ausfüllen, was ihn 1968 Euro kosten würde.

Das Fuschl'sche Nullsummenspiel

AUFGABE SEITE 68

RB zahlt jährlich 720 : 9 = 80 Millionen Euro, für den Prozentsatz x gilt $(1-x)^9 = 1 - 0,83$,
also
$$1 - x = \sqrt[9]{0,17} \approx 0,82.$$
Somit beträgt die jährliche Abnahme der Integrität $x \approx 0,18 = 18\,\%$.

Die Belgrade

AUFGABE SEITE 69

Wir kennen den Winkel, können also mit dem Taschenrechner den zugehörigen Tangens ausrechnen. Dieser beschreibt das Verhältnis $\tan(30°) = \frac{2{,}44\,m+h}{11\,m}$, wobei h die gesuchte Höhe ist. Es folgt $h = \tan(30°) \cdot 11\,m - 2{,}44\,m \approx 3{,}91\,m$.

Schal' und Rauch

AUFGABE SEITE 70

Die Masse der Bundesligaschale bezeichnen wir mit $m_1 = 11\,200\,g$, das Volumen mit v_1, für die Zweite Bundesliga hat die Schale das Gewicht $m_2 = 8500\,g$ und das Volumen v_2. Die entsprechenden Dichten bezeichnen wir mit ρ_1 und ρ_2. Weiter ist $v_1 = 0{,}9v_2$. Wir bemerken, dass für einen Körper der Masse m mit Volumen v die Dichte *rho* gegeben ist durch $\rho = \frac{m}{v}$.

Die erste Schale hat größere Masse bei geringerem Volumen, also größere Dichte. Genauer folgt das mit $\rho_1 = \frac{m_1}{v_1} > \frac{m_2}{v_2} = \rho_2$. Aus dieser Beziehung und der Angabe, dass sich beide Dichten um $\Delta\rho := 2{,}5\,\frac{g}{cm^3}$ unterscheiden, folgt $\rho_1 - \rho_2 = \Delta\rho$.

Wir schließen: $\Delta\rho = \rho_1 - \rho_2 = \frac{m_1}{v_1} - \frac{m_2}{v_2} = \frac{m_1}{v_1} - \frac{m_2}{0{,}9v_1}$.

Multipliziert man beide Seiten dieser Gleichung mit $\frac{v_1}{\Delta\rho}$, so erhält man $v_1 = \frac{m_1}{\Delta\rho} - \frac{m_2}{0{,}9\Delta\rho}$.

Die Werte auf der rechten Seite der Gleichung sind alle gegeben, sodass wir durch Einsetzen von m_1, m_2 und $\Delta\rho$ die Lösung $v_1 \approx 702\,cm^3$ erhalten.

Schotten dicht

AUFGABE SEITE 71

Wir können aus den Angaben folgende Tabelle erstellen:

	Celtic	Barcelona	Zusammen
Tore		1	
Nicht verwandelte Torschüsse			
Gesamtzahl Torschüsse		17	

Nun folgt sofort, dass Barca 16 Torschüsse nicht verwandelt hat. Weiter haben die Spanier 85 Prozent aller Torschüsse abgegeben, somit ist die Gesamtzahl an Torschüssen gleich $17 \cdot \frac{1}{0,85} = 20$. Daraus folgt aber sofort, dass Celtic im gesamten Spiel 3 Torschüsse abgegeben hat. Gleichzeitig folgt, dass von allen 20 Torschüssen 3 ihren Weg ins Tor fanden, da hierfür eine Trefferquote von 15 Prozent gegeben war. Wir folgern, dass insgesamt 17 Torschüsse nicht im Tor landeten, Celtic 2 Tore geschossen hat und einen Torschuss nicht im Tor unterbringen konnte:

	Celtic	Barcelona	Zusammen
Tore	2	1	3
Nicht verwandelte Torschüsse	1	16	17
Gesamtzahl Torschüsse	3	17	20

Aíltons Hochprozentrechnung

AUFGABE SEITE 72

Wir bezeichnen den Alkoholgehalt des Bieres mit x, den Alkoholgehalt des Champagners mit y. Für beide Mischungen berechnen wir das Verhältnis aus Alkohol zu Gesamtvolumen wie folgt:

$$\frac{50x + 200y}{250} = 11{,}1, \quad \frac{400x + 100y}{500} = 6{,}9.$$

Durch etwas Bruchrechnung kommen wir auf $x + 4y = 55{,}5$, $4x + y = 34{,}5$.

Ziehen wir die zweite Gleichung von der ersten ab, so erhalten wir $-3x + 3y = 21 \Leftrightarrow y = 7 + x$.

Setzen wir dieses Resultat wieder oben ein, so resultiert $5x + 7 = 34{,}5 \Leftrightarrow 5x = 27{,}5 \Leftrightarrow x = 5{,}5$.

Setzen wir dies wiederum ein, so folgt $y = 12{,}5$. Also hat das Bier 5,5 Prozent Alkohol, der Champagner kommt auf 12,5 Prozent.

Wir bezeichnen die verwendete Menge Bier mit x, die Menge an Champagner mit y. Die Alkoholmenge in Aïltons Getränk bezeichnen wir mit v. Es gilt: $\frac{v}{x+y} = 11$ und $\frac{v}{x+y+40} = 10$

$$\Rightarrow \frac{11}{10} = \frac{x+y+40}{x+y} = 1 + \frac{40}{x+y}$$

$$\Rightarrow 0{,}1 = \frac{40}{x+y} \Rightarrow x + y = 400.$$

Beide Getränke gemischt ergeben also 400 ml. Das Volumen an Alkohol ist $v = 5x + 15y$. Setzen wir das oben ein, erhalten wir $11 = \frac{5x + 15y}{x+y} = 5 + \frac{10y}{x+y} \Rightarrow 6 = \frac{10y}{x+y}$.

Wir wissen: $x + y = 400$, somit folgt $6 = \frac{10y}{400} = \frac{1}{40}y \Rightarrow y = 240$. Also sind 240 ml der 400 ml Champagner, die Differenz daraus, 160 ml, ist somit Bier.

Klumpfuß-Geometrie

AUFGABE SEITE 73

Wir berechnen den Flächeninhalt der Seitenfläche G. Sie lässt sich aufteilen in zwei Rechtecke R_1, R_2 und ein Dreieck D. Die Flächeninhalte berechnen sich wie folgt:

$A(R_1) = 1,5 \, dm \cdot 1 \, dm = 1,5 \, dm^2$

$A(R_2) = 1 \, dm \cdot 1,5 \, dm = 1,5 \, dm^2$

$A(D) = \frac{0,5 \, dm \cdot 1 \, dm}{2} = 0,25 \, dm^2$

$\Rightarrow A(G) = A(R_1) + A(R_2) + A(D) = 3,25 \, dm^2.$

Da die Dicke des Prismas 1 dm beträgt, erhalten wir als Volumen $V = 3,25 \, dm^3 = 3,25 \, l$.

Die Calhanoglu-Kurve

AUFGABE SEITE 74

Der Abstand von Lasogga zum Tor entspricht dem Abstand Jansens zum Tor, also muss sich Jansen (J) auf einem Kreis K um T befinden, dessen Radius dem Abstand von L zu T beträgt.

Weiter ist Jansen von Friedrich genauso weit entfernt wie von Schmelzer. Somit muss er sich auf der Mittelsenkrechten der Strecke $\overline{FS}$ befinden.

Jansen muss sich also an einem der beiden Schnittpunkte des Kreises mit der Mittelsenkrechten befinden (J oder J').

(Skizze nicht winkel- und abstandstreu.)

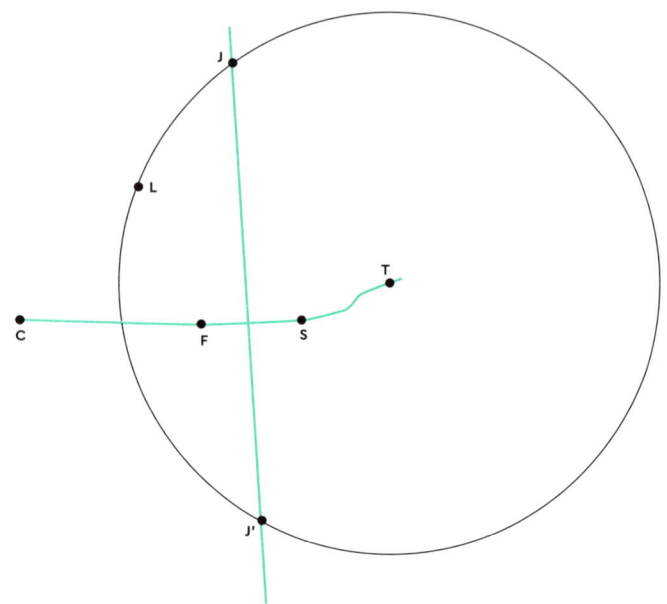

Das kleine Ausbeutungseinmaleins

AUFGABE SEITE 76

a) Wir bezeichnen mit r den Radius, mit d den Durchmesser und mit u den Umfang. Es gilt $r = \frac{d}{2} = \frac{u}{2\pi} \approx 11$, somit hat der Ball einen Radius von 11 cm.

b) Das Volumen einer Kugel mit Radius r beträgt $\frac{4}{3}\pi r^3$. Wir berechnen das Volumen V des ganzen Balles, des Balles ohne die Kunststoffhülle V_K und das Volumen des Inneren der Latex-Blase V_L:

$V = \frac{4}{3}\pi (11\,\text{cm})^3 \approx 5575\,\text{cm}^3$,

$V_K = \frac{4}{3}\pi (11\,\text{cm} - 0,2\,\text{cm})^3 \approx 5277\,\text{cm}^3$,

$V_L = \frac{4}{3}\pi (11\,\text{cm} - 0,2\,\text{cm} - 0,5\,\text{cm})^3 \approx 4577\,\text{cm}^3$.

Es wurden also $V - V_K \approx 300\,\text{cm}^3$ Kunststoff und $V_K - V_L \approx$ $700\,\text{cm}^3$ Latex verwendet.

c) Es gilt: $0{,}96 \cdot (300 + 700) = 960$, der Ball kostet also 9,60 Euro. Es gilt: $\frac{9{,}6}{120} = 0{,}08$, somit sind 8 % des Preises die Material-kosten.

Das El-Ba-Bo-Phänomen
AUFGABE SEITE 77

Bei einem gleichseitigen Dreieck sind die Mittelsenkrechten gleichzeitig die entsprechenden Seiten- und Winkelhalbieren-den. Wenn wir unser Dreieck also in die drei kleineren Dreiecke aufteilen, die entstehen, wenn man je zwei Eckpunkte mit dem besagten Schnittpunkt verbindet, so folgt, dass diese kleineren Dreiecke kongruent sind. Diese besitzen demnach die gleiche Höhe, welche wiederum dem Abstand der entsprechenden Seite zum Schnittpunkt entspricht. Somit besitzt jede Seite zum Schnittpunkt denselben Abstand.

Peps Tiki-Taka-Theorem
AUFGABE SEITE 78

a) In einem Viereck müssen alle Winkel aufsummiert 360° ergeben, da das mittlere Viereck zwei rechte Winkel besitzt muss also gelten: $\delta + \varepsilon = 180°$. Weiter gilt für den Winkel $\angle ABC$ $= 180° - (90° + 51°) = 39°$. Somit muss der Winkel rechts im kleinen Dreieck links unten $180° - (39° + 26°) = 115°$ betragen. Gleichzeitig muss die Summe dieses Winkels mit ε gleich 180° sein, somit muss gelten: $\varepsilon = 180° - 115° = 65°$. Daraus folgt direkt: $\delta = 180° - 65° = 115°$.

b) Wir betrachten den Winkel $\angle AED$ in dem kleinen Dreieck oben links. Es gilt: $\angle AED = 180° - 90° - 26° = 64°$. Wenn die Strecken $\overline{AB}$ und $\overline{DF}$ wie vorausgesetzt parallel sind, sind φ und $\angle AED$ als Wechselwinkel gleich groß. Also ist $\varphi = 64°$.

Das Nürnberger Halbe-halbe-Problem

AUFGABE SEITE 80

Zunächst wird das große Glas bis zum Rand gefüllt, es verbleiben drei Liter im Pokal. Mit dem Bier aus dem großen Glas wird nun das kleine befüllt, es verbleiben also zwei Liter im großen Glas. Das Bier aus dem kleinen Glas landet wiederum im Pokal, welcher nun zu sechs Litern befüllt ist. Die zwei Liter aus dem großen Glas werden in das kleine gekippt, anschließend füllen wir das große Glas wieder mit dem Bier aus dem Pokal auf.
Wir haben nun einen Liter Bier im Pokal, ein volles Fünf-Liter-Glas und zwei Liter im kleinen Glas. Nun können wir das kleine Glas mit einem Liter aus dem großen Glas vollmachen und anschließend den gesamten Inhalt des kleinen Glases wieder in den Pokal füllen, und wir haben vier Liter Bier im Pokal und vier Liter Bier im großen Glas.

Die Ahlenfelder-Gleichungen

AUFGABE SEITE 81

Wir erhalten aus der Aussage der Bedienung die beiden Gleichungen

$2x + \frac{3}{2}y = 9$ (1)

$2x + \frac{1}{2}y = 7$ (2)

Ziehen wir (2) von (1) ab, so erhalten wir:

$2x + \frac{3}{2}y - \left(2x + \frac{1}{2}y\right) = 9 - 7$, also $y = 2$.
Einsetzen in (2) ergibt $2x + 1$, also $x = 3$.

Das Nicht-schon-wieder-Finaldilemma

AUFGABE SEITE 82

In der zweiten Runde darf der BVB als eine von 31 Mannschaften nicht den Bayern zugelost werden, dies passiert mit einer Wahrscheinlichkeit von $\frac{30}{31}$. Tritt dies ein, so treffen beide Mannschaften mit einer Wahrscheinlichkeit von $\frac{14}{15}$ auch im Achtelfinale nicht aufeinander. Ist dies der Fall, so gehen sich beide mit einer Wahrscheinlichkeit von $\frac{6}{7}$ im Viertelfinale aus dem Weg. Haben es nun beide Mannschaften ins Halbfinale geschafft, so spielen sie mit einer Wahrscheinlichkeit von $\frac{2}{3}$ nicht gegeneinander. Somit haben wir mit einer Wahrscheinlichkeit von $\frac{30}{31} \cdot \frac{14}{15} \cdot \frac{6}{7} \cdot \frac{2}{3} = \frac{16}{31} \approx 51,61\%$ ein Finale zwischen den beiden Mannschaften.

It's a Trap

AUFGABE SEITE 83

a) Zum Zeitpunkt $t = 0$ sind $150,00$ mg Cäsium vorhanden, mit $m(0) = a \cdot b^0 = a$ folgt a =150,00. Somit gilt:
$116,07 = m(5) = 150,00 \cdot b5 \Leftrightarrow b = \sqrt[5]{\frac{116,07}{150,00}} \approx 0,95$.
Man überprüft schnell an den anderen Werten, dass $m(t) = 150 \cdot 0,95^t$ die gesuchte Funktion ist.
b) Es gilt $m(20) \approx 53,78$.
c) Um zu berechnen, wann $b^t = \frac{1}{2}$ gilt, nutzen wir den Logarithmus: Es gilt: $\log_{0,95} \frac{1}{2} \approx 13,5$, somit ist das Cäsium in der Mitte des vierzehnten Jahres zur Hälfte zerfallen.

4. Champions League

Das Weihnachtsfeier-Dilemma

AUFGABE SEITE 87

Wir berechnen die Anzahl günstiger Fälle *A* (alle Anordnungen von Matthäus, Effenberg und Kahn, sodass sie an verschiedenen Tischen sitzen) und teilen durch die Anzahl möglicher Fälle *X* (alle Möglichkeiten, wie die drei Spieler auf alle Plätze verteilt sein könnten). Es gibt 24 Möglichkeiten, Matthäus zu platzieren, es bleiben dann 23 Möglichkeiten, Effenberg einen Platz zuzuweisen, und schließlich stehen für Kahn noch 22 Plätze zur Verfügung, d.h., wir erhalten *X* = 24 · 23 · 22.

Nachdem Matthäus einen der 24 Plätze besetzt, gibt es 18 mögliche Plätze für Effenberg, sodass dieser an einem anderen Tisch als Matthäus sitzt. Es bleiben noch 12 mögliche Plätze für Kahn, damit alle drei an verschiedenen Tischen sitzen, also erhält man 24 · 18 · 12 günstige Fälle. Insgesamt erhält man also $P = \frac{A}{X} = \frac{216}{506} \approx 42,7\%$.

Kurvendiskussion

AUFGABE SEITE 88

a)

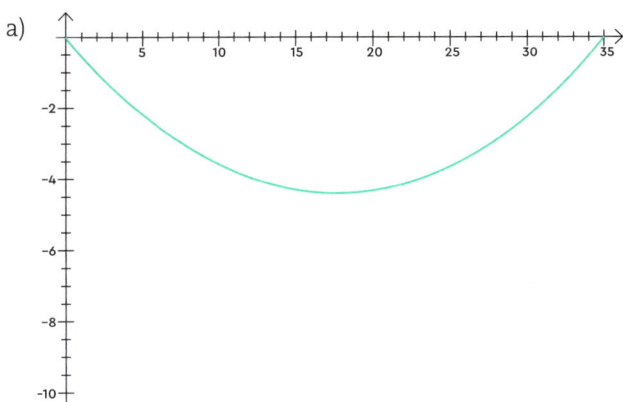

b) Der Flächeninhalt A berechnet sich wie folgt:

$$A = \left| \int_0^{35} f(x)dx \right| = \left| \left[\frac{1}{210}x^3 - \frac{1}{4}x^2 \right]_0^{35} \right| =$$

$$\left| \frac{1225}{6} - \frac{1225}{4} \right| = \frac{1225}{12} \approx 102 \,.$$

Der Flächeninhalt beträgt also 102 m^2.

Poldis Footballfields-Medaille

AUFGABE SEITE 90

Die gegnerische Hälfte misst 50 m · 70 m = 3500 m^2. Wir nehmen an, wir könnten auf dieser Fläche zehn Spieler so platzieren, dass zu jedem Punkt in der Hälfte ein Feldspieler existiert, sodass der Punkt innerhalb eines Umkreises von zehn Metern zum Spieler liegt. Stellt man sich also um jeden Spieler einen Kreis mit einem Radius von zehn Metern vor und fasst die Vereinigung dieser Kreise als eine Fläche auf, so müsste die Hälfte des Gegners komplett durch diese Kreise überdeckt werden. Jeder Kreis hat einen Flächeninhalt von $\pi \cdot (10\,\text{m})^2 = \pi \cdot 100\,\text{m}^2$, betrachtet man die Fläche aller zehn Kreise zusammen, so kann diese höchstens $10 \cdot \pi \cdot 100\,\text{m}^2 = \pi \cdot 1000\,\text{m}^2$ betragen. Damit ist die Fläche, die alle Kreise überdecken, jedoch geringer als die gegnerische Hälfte, π ist schließlich kleiner als 3,5. Das ist aber ein Widerspruch dazu, dass die Kreise die Spielfeldhälfte überdecken, somit wäre Podolskis Aussage bewiesen.

Die Wagner-Folge

AUFGABE SEITE 91

Sowohl $g(n) = \sqrt{n}$ als auch $h(n) = \ln(n)$ gehen für $n \to \infty$ ins Unendliche. Wir können aber die Regel von L'Hospital anwenden: Es gilt:
$g'(n) = \frac{1}{2\sqrt{n}}$
und $h'(n) = \frac{1}{n}$.
So folgt:
$$\lim_{n\to\infty} a_n = \lim_{n\to\infty} \frac{g'(n)}{h'(n)} = \lim_{n\to\infty} \frac{n}{2\sqrt{n}} = \lim_{n\to\infty} \frac{1}{2}\sqrt{n} = \infty.$$

Werder noch

AUFGABE SEITE 92/93

a) In einer Stunde gelangt $\frac{1}{15}$ des Gesamtvolumens ins Becken, gleichzeitig fließt $\frac{1}{20}$ des Gesamtvolumens wieder ab. Ist also eine bestimmte Zahl h an Stunden vergangen, so ist das Becken zu einem Anteil von $\frac{1}{15}h - \frac{1}{20}h = \frac{1}{60}h$ gefüllt. Somit muss h = 60 betragen, damit der obige Term 1 ergibt, d.h., das Becken ist nach 60 Stunden ganz voll.

b) Mit obiger Formel erhalten wir, dass das Becken nach

10 Stunden zu $\frac{1}{6}$ gefüllt ist. Wird der Ablauf geschlossen, so strömt wieder $\frac{1}{15}$ des Gesamtvolumens pro Stunde ins Becken. In das Becken passen jedoch nur noch $\frac{9}{10}$ der ursprünglichen Menge an Wasser hinein, es muss also noch $\frac{9}{10} - \frac{1}{6} = \frac{11}{15}$ des Gesamtvolumens ins Becken geleitet werden. Da pro Stunde $\frac{1}{15}$ des Volumens einlaufen, dauert dies nun 11 Stunden, sodass das Becken in 21 Stunden voll ist.

Stigs Rotationskörperverletzung

AUFGABE SEITE 94

Das Volumen V des Rotationskörpers berechnet sich als
$V = \pi \int_0^{40} f(x)^2 dx = \frac{\pi}{1600} \int_0^{40} (x+8)^2 (x-48)^2 dx$.
Substitution mit u = x − 20 liefert:

$V = \frac{\pi}{1600} \int_{-20}^{20} (x+28)^2 (x-28)^2 dx =$

$\frac{\pi}{1600} \int_{-20}^{20} (x^2 - 28^2)^2 dx$

$= \frac{\pi}{1600} \int_{-20}^{20} (x^4 - 2 \cdot 28^2 x^2 + 28^4) dx =$

$\frac{\pi}{1600} \left[\frac{x^5}{5} - \frac{2}{3} \cdot 28^2 x^3 + 28^4 x \right]_{-20}^{20}$

$= \frac{164096\pi}{15} \approx 34000$.

Das Volumen beträgt also etwa $34\,000 \text{ cm}^3$ oder 34 Liter.

Tabellen-Theoreme

Ergebnisse Gruppe A der WM 2002

Frankreich	0:1	Senegal
Uruguay	1:2	Dänemark
Dänemark	1:1	Senegal
Frankreich	0:0	Uruguay
Dänemark	2:0	Frankreich
Senegal	3:3	Uruguay

Ergebnisse Gruppe F der WM 2010

Italien	1:1	Paraguay
Neuseeland	1:1	Slowakei
Slowakei	0:2	Paraguay
Italien	1:1	Neuseeland
Slowakei	3:2	Italien
Paraguay	0:0	Neuseeland

Ergebnisse Gruppe C der EM 2016

Polen	1:0	Nordirland
Deutschland	2:0	Ukraine
Ukraine	0:2	Nordirland
Deutschland	0:0	Polen
Ukraine	0:1	Polen
Nordirland	0:1	Deutschland

Schweinis Formkurvendiskussion

Wir skizzieren zunächst Schweinsteigers Formkurve:

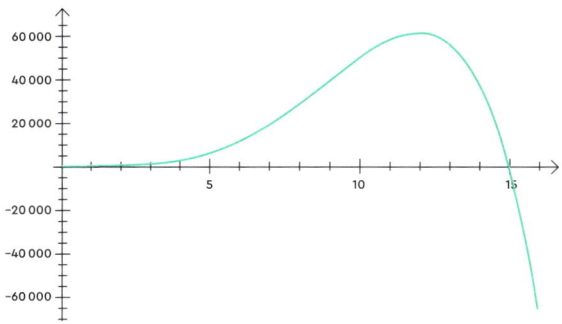

a) $f(x) = 15x^4 - x^5 = x^4(15 - x)$. Die Funktion ist also ein Polynom fünften Grades mit vierfacher Nullstelle $x_0 = 0$ und der Nullstelle $x_1 = 15$. Schweinsteiger beendet seine Karriere also nach 15 Jahren.

b) Zur Bestimmung eines lokalen Extremums berechnen wir die Ableitung f' von f. Es gilt: $f'(x) = 60x^3 - 5x^4 = 5x^3(12 - x)$. Wir erhalten als Nullstellen von f' die Werte $\tilde{x}_0 = 0$ und $\tilde{x}_1 = 12$. Da wir die Höchstform *nach* Karrierebeginn wissen wollen, wollen wir lediglich überprüfen, ob die Stelle $\tilde{x}_1$ eine Maximalstelle ist. Hinreichend dafür ist, dass die zweite Ableitung f'' an dieser Stelle negativ ist. Wir bestimmen $f''(x) = 180x^2 - 20x^3 = 20x^2(9 - x)$. Es gilt $f''(\tilde{x}_1) = f''(12) = 20 \cdot 12^2 \cdot (-3) < 0$.

Da zwischen Karrierebeginn und Karriereende keine weiteren lokalen Extrema liegen und die Formkurve dort jeweils bei null ist, erreicht Schweinsteiger seine beste Form nach 12 Jahren.

c) Außer in null ist x^4 immer positiv, $15 - x$ ist ebenfalls für $x < 15$ positiv, somit ist f(x) > 0 für 0 < x < 15.

Das Keine-Kohle-nach-der-Karriere-Dilemma

AUFGABE SEITE 97

Wir bezeichnen die Anzahl an zu verzehrenden Maden mit x (Aílton), y (Brinkmann) und z (Legat) und lösen das entstandene Gleichungssystem:

i) $x + y + z = 54$

ii) $y = {}^1\!/2\,(x + z)$

iii) $z + 9 = 2y$

iv) $x + z = 54 - y$ |i) umstellen

v) $y = {}^1\!/2\,(54 - y)$ |iv) in ii) einsetzen

vi) $y = 18$ |v) nach y auflösen

vii) $z = 27$ |vi) in iii) einsetzen und nach z umstellen

viii) $x = 9$ |vi) und vii) in i) einsetzen und nach x umstellen

Somit müssen Aílton 9, Ansgar Brinkmann 18 und Thorsten Legat 27 Maden essen.

Das Klopp'sche Haupthaar-Phänomen

AUFGABE SEITE 98

a) Es gilt $f(x) = 1 - ((x - 7)^2 + 2)^{-1}$. Mittels Kettenregel gilt dann $f'(x) = 2(x - 7) \cdot ((x - 7)^2 + 2)^{-2} = \frac{2(x-7)}{((x-7)^2+2)^2}$.

f' besitzt offensichtlich als einzige Nullstelle $x = 7$. Nun gilt für $x < 7$ auch $f'(x) < 0$ und für $x > 7$ auch $f'(x) > 0$, d.h., bis zum Zeitpunkt $x = 7$ fällt die Funktion streng monoton, danach steigt sie streng monoton. Daher ist $x = 7$ Minimalstelle.

b) Skizze:

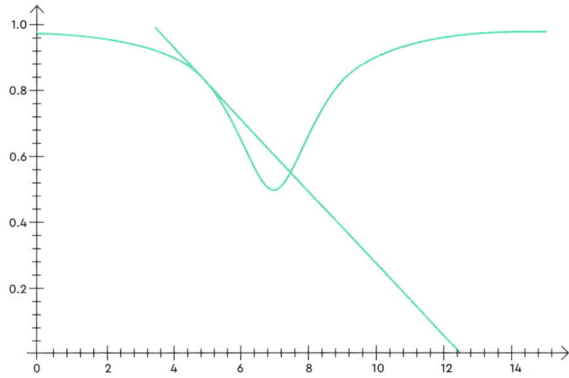

Es gilt: $f(5) = \frac{5}{6}$ und $f'(5) = -\frac{1}{9}$. Wir suchen also
$t(x) = -\frac{x}{9} + b$,
sodass $t(5) = \frac{5}{6}$. Daher gilt: $b = \frac{5}{9} + \frac{5}{6} = \frac{25}{18}$. Weiter gilt
$t(x) = 0 \Leftrightarrow \frac{-x}{9} + \frac{25}{18} = 0 \Leftrightarrow x = \frac{25}{2}$.

Der Bessermessi

AUFGABE SEITE 100

Wir bezeichnen mit x die Anzahl an Toren, mit y die Anzahl an
Vorlagen und mit z die Anzahl an Scorerpunkten. Nun können
wir ein lineares Gleichungssystem aufstellen und lösen:

i) $x + y = z$

ii) $x - y = {}^1/4\,z$

iii) $x + y + z = 32$

iv) $z = 16$ |i) in iii) einsetzen und die entstandene
                        Gleichung durch 2 teilen

v) $2x = {}^5/4\,z$ |i)+ii)

vi) $x = 10$ |iv) in $^1/2 \cdot$ v) einsetzen

vii) $y = z - x = 6$

Messi hat also 10 Tore geschossen und 6 vorbereitet. Somit kommt er auf 16 Scorerpunkte.

Gomez, wie es wolle

AUFGABE SEITE 101

a) Um sein nächstes Tor im k-ten Spiel zu erzielen, muss Gomez die ersten k − 1 Spiele kein Tor schießen (Wahrscheinlichkeit hierfür ist $\left(\frac{1}{2}\right)^{k-1}$) und im k-ten Spiel treffen (Wahrscheinlichkeit hierfür ist $\frac{1}{2}$). Insgesamt führt das auf eine Wahrscheinlichkeit $p(k) = \left(\frac{1}{2}\right)^k = 2^{-k}$.

b) Die Wahrscheinlichkeit beträgt

$p(1) + p(2) + p(3) = \frac{1}{2} + \frac{1}{4} + \frac{1}{8} = \frac{7}{8}$.

c) $P(X = s + t \mid X > s)$ gibt die Wahrscheinlichkeit dafür an, dass Gomez nach s + t Spielen trifft, wenn wir schon wissen, dass er die ersten s Spiele nicht getroffen hat. Es gilt mit der Definition der bedingten Wahrscheinlichkeit:

$P(X = s + t \mid X > s) = \frac{P(X=s+t \text{ und } X>s)}{P(X>s)} = \frac{P(X=s+t)}{P(X>s)}$,

da mit X = s + t automatisch auch X > s gilt. Nun folgt aus

$P(X > s) = \sum_{k=s+1}^{\infty} p(k) = \sum_{k=1}^{\infty} p(k+s) =$

$\sum_{k=1}^{\infty} \left(\frac{1}{2}\right)^{k+s} = \sum_{k=1}^{\infty} \left(\frac{1}{2}\right)^s \left(\frac{1}{2}\right)^k$

$= \left(\frac{1}{2}\right)^s \sum_{k=1}^{\infty} \left(\frac{1}{2}\right)^k = \left(\frac{1}{2}\right)^s \sum_{k=1}^{\infty} p(k) = \left(\frac{1}{2}\right)^s P(X \geq 1)$.

X ist jedoch immer mindestens 1, daraus folgt: $P(X \geq 1) = 1$. Wir erhalten:

$P(X = s + t \mid X > s) = \frac{P(X=s+t)}{\left(\frac{1}{2}\right)^s} = \frac{\left(\frac{1}{2}\right)^{s+t}}{\left(\frac{1}{2}\right)^s} =$

$\left(\frac{1}{2}\right)^t = P(X = t)$.

Das bedeutet, dass das Warten auf den nächsten Treffer von Mario Gomez «gedächtnislos» ist; d.h., ob wir schon s Spiele vergeblich auf ein Tor gewartet haben, hat keinen Einfluss auf die Wahrscheinlichkeit dafür, dass wir noch t Spiele auf ein Tor warten müssen.

Effes Finger-Funktion

AUFGABE SEITE 102/103

a) Da e^{-x^2} immer positiv ist, stimmt die Menge aller Nullstellen von f mit der Menge aller Nullstellen von $\cos^2(4x)$ überein. Somit lässt sich die Nullstellenmenge schreiben als
$N = \left\{ \frac{\pi}{4} \left(k + \frac{1}{2} \right) \mid k \in \mathbb{Z} \right\}$.

b) Anwenden von Produkt- und Kettenregel ergibt

$f'(x) = \frac{2}{\sqrt{\pi}} \left(-8 \sin(4x) \cos(4x) e^{-x^2} - 2x \cos^2(4x) e^{-x^2} \right)$
$= -\frac{4}{\sqrt{\pi}} \cos(4x) e^{-x^2} \left(4 \sin(4x) + x \cos(4x) \right)$.

Wenden wir hier wieder Produkt- und Kettenregel an, so erhalten wir
$f''(x) = -\frac{4}{\sqrt{\pi}} [(-4 \sin(4x) e^{-x^2} - 2x \cos(4x) e^{-x^2}).$

$(4 \sin(4x) + x \cos(4x))$

$+ \cos(4x) e^{-x^2} (16 \cos(4x) + \cos(4x) - 4x \sin(4x))]$

$= \frac{4}{\sqrt{\pi}} e^{-x^2} (16 \sin^2(4x) + 16 \sin(4x) \cos(4x) +$

$(2x^2 - 17) \cos^2(4x))$

c) Es gilt $f(0) = \frac{2}{\sqrt{\pi}}$, $f'(0) = 0$ und $f''(0) = -17 \cdot \frac{4}{\sqrt{\pi}} < 0$. Somit ist x = 0 tatsächlich eine Maximalstelle.

f ist das Produkt aus $g(x) = \frac{2}{\sqrt{\pi}} \cos^2(4x)$ und $h(x) = e^{-x^2}$.

Der Kosinus bewegt sich zwischen 1 und −1 und ist im Quadrat somit maximal gleich 1. Dieses Maximum wird auch für x = 0 angenommen, somit ist auch g an dieser Stelle maximal. Die Exponentialfunktion ist monoton wachsend, somit ist h maximal, wenn $-x^2$ maximal ist, das ist für x = 0 der Fall. Beide Funktionen sind nicht-negativ. Somit gilt für jedes x aus den reellen Zahlen $\mathbb{R}$ $0 \leq g(x)h(x) \leq g(0)h(0)$.

Mit f(x) = g(x)h(x) folgt somit, dass f(0) das globale Maximum der Funktion ist.

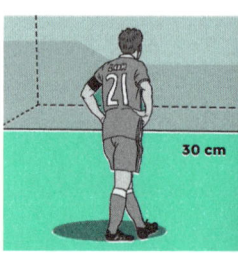

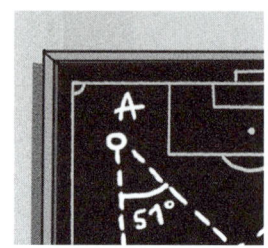

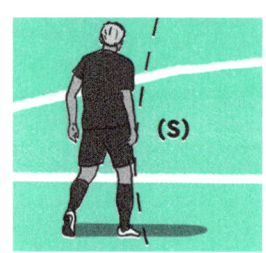

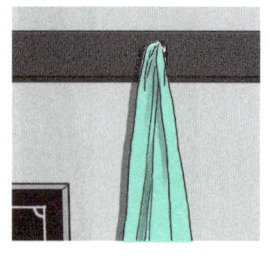
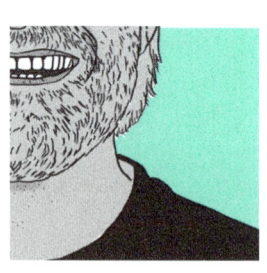
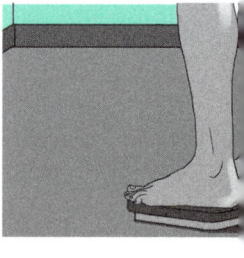
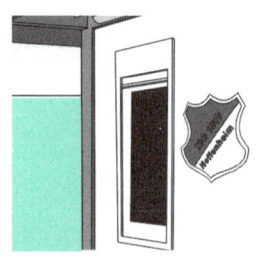

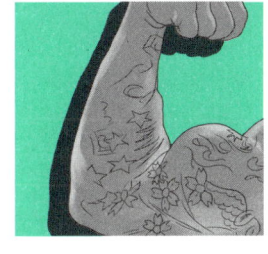

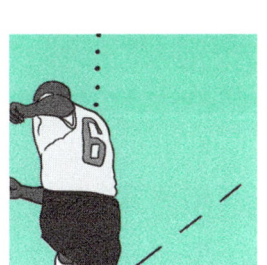
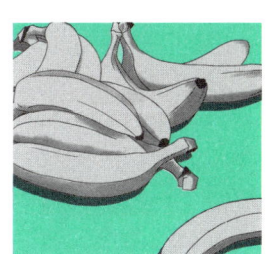

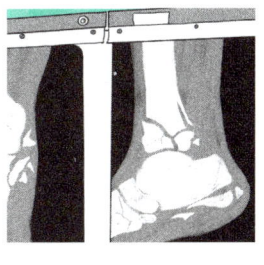

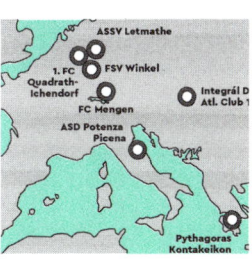

Tobias Escher
Vom Libero zur Doppelsechs

Der Taktikexperte Tobias Escher zeigt in einem spannenden
Überblick, wie sich Fußball in Deutschland in den letz-
ten 100 Jahren entwickelt hat. Welche Strategie wählt ein
Team? Weshalb spielte 1975 jede Mannschaft mit einem
Libero und 2015 stattdessen mit einer Doppelsechs? Und
wie wurde Deutschland 2014 Weltmeister? Escher erzählt
in seinem Buch, wie sich das Spiel über die Jahre verändert
hat, welche Taktik sich durchsetzen konnte und welche
Gegentaktik erfolgreich war. Er erklärt, wie sich Trainer die
Änderung der Abseitsregel zunutze gemacht haben und dass
sich Fußballtrainer in Deutschland immer wieder von taktischen Innovationen aus dem Ausland inspirieren ließen:
vom englischen Kick 'n' Rush übers Catenaccio bis hin zum
Gegenpressing.

320 Seiten

Weitere Informationen finden Sie unter www.rowohlt.de